finishes

GOOD WOOD FINISHS

Conceived, edited and designed at Inklink, Greenwich, London

First published in 1997
by HarperCollins Publishers, London

This paperback edition first published in 2002
by HarperColins Publishers, London

Copyright © HarperColins Publishers, 1997

Jacket design: Simon Jennings
Jacket photograph: Paul Chave
Jacket illustrations: Robin Harris and David Day

Photography
The studio photographs for this book were taken by Ben Jennings. with the following exceptions:
Neil Waving, pages 18, 21 , 22, 24 (BR), 53, 81
Paul Chave, pages 10, 32, 45, 60, 76, 80
The authors and producers also acknowledge additional photography by, and the use of photographs from, the following individuals and companies.
Robert Bosch Ltd., Uxbridge, Middlesex, page 23
Clarke International, London L5, page 82
Cuprinol Ltd., Frome, Somerset, pages 62, 64 (CL, BR)
David Day, Page 63 (T)
John Hunnex, Woodchurch, Kent, page 91 (CL)
Langlows Products Division, Palace Chemicals Ltd., Chesham Bucks, page 96

Stewart Linford Furniture (Derek St Romain), High Wycombe, Bucks, pages 90, 122
London Guildhall University (Hellena Cleary), London, E1 , page 103 (C, BR, BL)
Alan Marshall, page 34
Wendy Maruyama (Cary Okazaki Studios), San Diego, California, page 77
Paul Mathews, Buckinghamshire College, High Wycombe, Bucks, page 73
Derek Pearce, London, SW 13, page 65 (T)
Ronseal Ltd., Chapeltown, Sheffield, pages 52, 91 (TR)
Sadolin UK Ltd., St Ives, Cambs, pages 47, 64 (TR)
Hugh Scriven, Shrewsbury, Shropshire, page 39
A. F. Suter & Co. Ltd., Bow London E3, page 51
Wales & Wales (Michael Hemsley FBIPP), Lewes, East Sussex, page 40
Richard Williams, Buckinghamshire College, High Wycombe, Bucks, page 91 (BR)
Raymond Winkler, Buckinghamshire College, High Wycombe,
Bucks, page 65 (BL)
Shona Wood, page 63B

The authors and producers also thank the following for the use of their photographic archives:
Peter Cornish and Philip Hussey, Buckinghamshire College, High Wycombe, Bucks
John Cross, London Cuildhall University, Restoration and Conservation Dept, London, E1

よくわかる木工技術 普及版
「塗装・仕上げ」

著者／アルバート・ジャクソン　デヴィッド・デイ

日本語版監修／**喜多山 繁**

翻訳／**三角 和代**

本書の活用にあたって

塗装・仕上げ技能

　日本ではスギやヒノキが建築に多用され、白木の良さを愛し、自然の木理に美的価値を見いだす。もちろん広葉樹のケヤキ、ナラ、カエデなども柱や建具、工芸作品に多用され、その複雑な木目も珍重されるが、人工的な修飾を極力排除して自然の美を尊ぶ風潮にあるといえよう。

　洋の東西による自然観の違いであろうか、欧米では自然を征服して、自分の価値観にあった利用を考える傾向にあるようだ。本書で書かれているような、塗り上げ、磨き上げ、箔を貼り、あげくは木目も描いてしまおうという技法は、日本人にとってはちょっとなじみにくいところもあるであろうが、限られた資源を長く美しく使うことが求められる現代にあっては、今日的な重要な技術であるともいえよう。

　また本書には、失敗とその修復策、安全に作業するための指針や環境に対する配慮が懇切に示されている。美しい写真とわかりやすいイラストとあいまって、使いやすい実用書になっている。

目次

本書の活用にあたって	5
はじめに	8

Chapter 1　準備　　9
割れや穴を埋める／パッチをあてる／修復箇所を隠す／単板の補修／研磨材／手作業で研磨する／サンダー／木材を削る／木目の充填とシーリング

Chapter 2　塗装補修　　27
古い仕上げ面をクリーニングする／ひっかききずを取り除く／汚れを一掃する／仕上げ剤をはがす／除去剤／熱風ではがす／虫害に対処する

Chapter 3　着色　　37
木材を漂泊する／木材をライミングする／化学染色／木材を染色する／浸透性ステインを塗る／染色の仕上げ剤／色を調整する

Chapter 4　フレンチポリッシュ　　49
セラック製品／既製品のポリッシュ／伝統的なフレンチポリッシュ／フレンチポリッシュを塗る／ブラシ塗り用セラック／失敗と修復

Chapter 5　ニスとラッカー　　61
あらゆる場面に対応できる仕上げ／ニスとラッカーの特性／ブラシでニスを塗る／ニスを塗る／低温硬化ラッカーを塗る／ラッカー／失敗と修復

Chapter 6　ペイント仕上げ　　75
プライマー、下塗り、トップコート／塗料を塗る／スプレー塗り／コンプレッサー／スプレーガンの調整／スプレーの技術／組み立てた作品にスプレーする／失敗と修復

Chapter 7　ワックスポリッシュ　　89
市販のポリッシュ／ワックスポリッシュを塗る／失敗と修復

Chapter 8　オイル仕上げ　　　　　　　　　　　　　　　　　　95
オイル仕上げの種類／失敗と修復

Chapter 9　金箔張り　　　　　　　　　　　　　　　　　　　99
クリームとニスで金箔を張る／金箔用ワックスで小さな補修をおこなう／
メタルリーフで金箔を張る

Chapter 10　木目描き　　　　　　　　　　　　　　　　　　107
木目を描く道具／塗装とつや出し／ブラシで木目を描く／心材を描く／
櫛で木目を描く／心材木目描き／木目を追加する

Chapter 11　アンティーク仕上げ　　　　　　　　　　　　　121
クリア仕上げに陰影をつける／ペイント作品を傷ませる／ひび割れの仕上げをする

健康と安全　　　　　　　　　　　　　　　　　　　　　　125

索引　　　　　　　　　　　　　　　　　　　　　　　　　126

はじめに

　木工作業最後の保護仕上げは、何よりも達成感を得られる嬉しい段階だ。精巧な接ぎ手、ごく薄い木工旋盤加工、複雑な象眼細工に誇りを感じることもできるが、一見ありふれた木工表面につや出しやニスを塗ることで、類を見ないほど美しい物に変身させる満足感にかなうよろこびは、そうそうないだろう。木工仕上げを楽しむには、何も熟練の木工職人になる必要はない。これは何もかもマスターしようと思ったら何年もかかる奥の深い作業で、驚くことではないが、プロの木工職人が塗装だけ専門家に任せるということもよくある。その一方で、多数のアマチュアが安価なアンティークの塗装補修をし、新たな命を吹きこむことも多い。

Chapter 1 準 備

質のよい塗料ならば
小さな欠点を消し去ってくれるが、
ニスやラッカー塗装では、
下準備が不適切だった木材の
見た目を向上させてくれはしない。
クリア仕上げは、それまでまったく
目立たなかった欠点をさらしてしまい、
ひと目でわかるようにしてしまうのだ。
計画を立てて作業し、目に見える
きずはすべて取りのぞいてから、
なめらかに研磨をして、
木材を平滑にしよう。

PREPARATION

割れや穴を埋める

どんな木工作業者でも、木口割れや亀裂といったはっきりした欠点のある木材はこばめるが、1ロットの木材すべてが小さな割れも穿孔虫のいる形跡さえなく、完全に無傷だと確認するのはむずかしい。できるだけ木材のよりよい部分だけを選ぶようにして、研磨してなめらかに仕上げる前に、かならず割れや穴を埋めなければならない。しかし、心配は無用だ。割れや穴の大きさ、塗布する予定の仕上げの種類によって、適応できる材料や技術はいくつもある。

ストッパー
ワックススティック
電気はんだごて
スティック状セラック

塗装用の繊維質目止め剤

塗装の準備には市販や自作のストッパーを使うか、小さな穴や割れは通常の装飾用繊維質目止め剤で埋めるといい。目止め剤には、すぐに使えるチューブ入りタイプや水と混ぜて使う粉末タイプがあり、木工用パテのように塗布して研磨する。

木工用パテ（ストッパー）

木くずとニカワでできた昔ながらの目止め剤は今でも使われているが、へこみを埋めるには、市販の木工用パテ（ストッパー）を好む人が多い。チューブか小さな缶に入った粘りのあるペーストだ。パテには一般の樹種に似せたさまざまな色がある。

ほとんどのパテは内装・外装木工どちらの用途にしても、一液パテだ。いったん固まれば、かんなをかけたり、研磨したり、周辺の木材と一緒にドリルで穴をあけることもできる。もっとも、木材の収縮や膨張による動きを吸収できるよう、わずかに柔軟性は残っている。

触媒つき二液パテは、主により大きな修復を目的としたもので、標準のパテよりもいくぶん固めになる。使用の際はつけすぎに注意。なめらかな表面に整えるため、余計にサンドペーパーをかけることになる。縁を作ったり、欠けた角を再現したい際は、こちらのパテを使おう。

パテが固まってしまったら

木工パテをいつでも使える状態に保つため、必要なだけ中身を取りだしたら、すぐに蓋やキャップを閉めよう。もし、保管しておいた水溶性パテが固まっていたら、湯に缶を浸すか、暖房器の近くに容器を置いて柔らかくしよう。

自分で作る

自分で目止め剤を作るには、おがくずか、木工作品の研磨で出た粉じんを集める。たっぷりのおがくずに酢酸ビニル樹脂接着剤を少々混ぜ、粘りのあるペーストを作ろう——ただし、ニカワの豊富な目止め剤は染色やポリッシュがうまく乗らない傾向があるため、修理箇所が目立つこともある。ニカワの代替品には、使用する予定の仕上げ剤を少量使ってみよう。色合わせに問題のある場合は、親和性の染料を1、2滴か、粉末状の顔料を少々加えてみる。

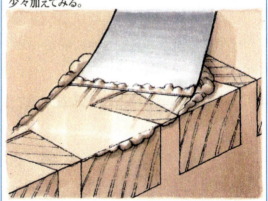

接ぎ手を隠す
目止め剤を塗った胴付き線は目立つことが多い。むきだしになっている木口の隙間のある接ぎ手には、自家製の目止め剤でかなりの修復を加えることができる。

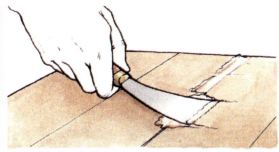

木工用パテを使う

　木材に汚れがなく、乾燥していることを確認する。よくしなる充填ナイフを使用して、へこみにパテを押しつけ、わずかにパテが盛りあがった状態にして、固まってから研磨する。パテを埋める際は、割れに対して直角にナイフを引き、それから長さ方向に刃を走らせてパテをたいらにする。途中にある深い穴も埋め、次の塗布までにパテを固まらせる。

大きな穴を埋める

　むく材の深い節穴に木栓を詰める。ストッパーが固まったら、修理箇所周辺の隙間を目止め剤でふさぐ。

パテに着色する

　木工作品の色と合わせるため、見本でためしてみよう。まず、作品と同じ木材の木片に染料と仕上げ剤を塗る。木材のもっとも薄い部分の色に似たパテを選び、白いセラミックタイルをパレットにして、親和性の染色剤を1度に1滴ずつ落とす。充填用ナイフでパテと染色剤を混ぜ、望みの色にしよう。パテは乾くと色合いが薄くなるので、見本よりやや濃い色になるまで染色剤を混ぜる。

　あるいは、粉末状の顔料を加えてパテに着色してもいい。パテが固すぎる場合は、親和性の溶剤を1滴落とす。

スティック状目止め剤

　さまざまな色のある固形セラックのスティックは、溶かして木材の穴に流したり、破損した成型部分を再生するためのものだ。セラックはほとんどの表面仕上げの予備のストッパーとしても使用できる。しかし、酸触媒である低温硬化ラッカーの適切な硬化は妨げてしまう。

　カルナウバワックスは顔料と樹脂を混ぜたもので、小さな虫食いの穴をふさぐ際は理想的だ。最終的にはフレンチポリッシュかワックスを塗る場合、ワックスの目止め剤を白木に使ってもいいが、木材の仕上げまでワックス使用は控えるほうがよいだろう。

　ワックススティックは豊富に色が揃っている。必要ならば異なる色のスティックからワックスのかけらをカットして、はんだごての先端で溶かし、特定の色に合わせるといい。この目止め方法はボウモンタージュとして知られている。

セラックで埋める

　熱したナイフの刃先、あるいははんだごてを使い、セラックスティックの先端を溶かし、穴にしたらせる。まだ軟らかいあいだに、水に浸した木工用のみでたいらに押しつける。目止め剤が乾いたらただちに、鋭いのみで余分な部分をはがし、細かい目の研磨紙で仕上げをする。

ワックススティックを使う

　ワックスから小さくかけらをカットし、暖房器に置いて柔らかくする。ポケットナイフを使用して、ワックスを穴に押しつける。固まったらただちに、修復した箇所の余分を古いクレジットカードでこそぎ取る。折り曲げたサンドペーパーでならしたら、ワックスで埋めた箇所を磨く。

パッチをあてる

　ある程度幅のある割れは、抜け落ちる可能性のあるストッパーに頼るより、木材か単板の細片で埋めるほうが安心だ。大きすぎてうまく埋まらない死に節や穴は周辺ごと切りだしてしまい、むく材をパッチにあてる。菱形のパッチが、正方形や長方形のものよりなじみやすい。

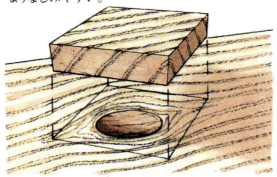

1　菱形のパッチを切り出す
　木目と色が合う木材を選び、菱形のパッチを切りだす。パッチの4辺に浅い傾斜がつくようにかんなをかける。

2　くぼみを切る
　節穴の上に切ったパッチをあて、周辺に鉛筆で線を引く。それからパッチがはまるように、テーパーを入れたくぼみをのみで取りだす。

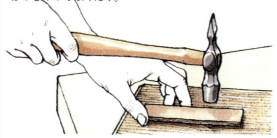

3　パッチを挿入する
　そのくぼみに接着剤を塗布したパッチを叩いて入れていく。はみでた接着剤は湿らせた布でぬぐおう。接着剤が固まるまで置いてから、平らにかんなをかける。

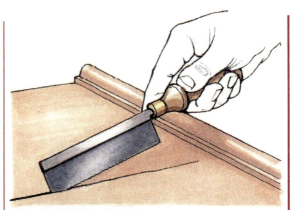

裂け目を単板で埋める
　最初から割れた木材を買いたがる人はいないだろうが、たとえば古いテーブルの天板やキャビネットの割れは修理するしかない。裂け目をダブテールソーの刃先で広げ、接着剤を塗った単板の細片がはまるようにする。接着剤が乾いたら、かんなで修復箇所を平らにする。

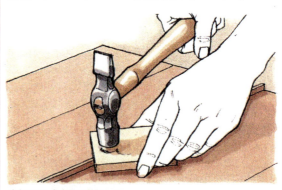

割れを木摺で埋める
　むく材パネルの広い割れやひらいた接ぎ手にパッチをあてるには、適合する木材から木摺（ラス）を切りだし、両面の角に浅い傾斜がつくようにかんなをかける。割れから埃や古いワックスポリッシュを掻きだし、接着剤を塗った木摺をハンマーで叩きこんでいく。接着剤が固まったら、かんなで木摺を平らにする。

プラグカッター
　見苦しい欠点には、プラグカッターで切った円形のパッチをあてよう。プラグカッターはドリルビットやルーターでぴったり形の合う穴を切りだすようにできている。ねじ類の沈んだ頭を覆う際も、同様のパッチを使うことができる。

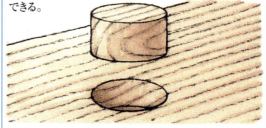

修復箇所を隠す

　穴や割けを埋めるためにパテ、セラック、むく材のどれを使うにしても、色や木目をぴったりと合わせることが困難な場合もある。表面仕上げ剤を1度塗りして、充填箇所がどう反応するか確かめよう。修復したことがまだ目立つようならば、周辺の木材の色になじむよう塗装するといい。

　木目を完璧に真似できるのは熟練した人だけだが、ここでの目的は、ひと目で修復箇所に視線がいかないように目をごまかすことだ。無理に木目を再現しようとするより、充填した穴を塗装して小さな節に見せる方法が手軽だ。その木材に似たような節があるならば、パッチと周辺の明らかなちがいでも、自然の杢に見えることだろう。

　ホワイトスピリットで薄めた油絵の具を使うと便利だが、プロの修復家は木工仕上げ剤を扱っているたいていの店で購入できる粉末状の顔料と、透明なセラックポリッシュを混ぜて使用する。粘り気が多い場合はポリッシュを変性アルコールで希釈する。色を混ぜる際はホワイトタイルかガラス片が理想的なパレットとなる。

木材のへこみをもどす

　誤ってハンマーを振った場合、あるいはむきだしの締め具の頭で、完璧な表面に見苦しいへこみを残すことがある。パテでへこみを充填してもよいが、水をかけるか蒸気をあてて木材のつぶれた繊維を膨らませ、それから周辺に合わせてならす方法がある。

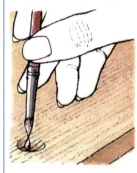

水をかける

　先のとがったブラシを使い、へこみに熱湯を垂らす。木材が水分を吸収する時間を与え、様子を見ながら湯を追加していき、表面の高さまで膨らませる。

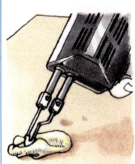

蒸気を使う

　水を吸わせても効果がなかった場合はへこみに湿らせた布をかぶせ、はんだごての先端をそこにあてる。こうすると、発生する蒸気で木材繊維が急速に広がる。木材がじゅうぶん乾くまで待ってから、なめらかに研磨しよう。

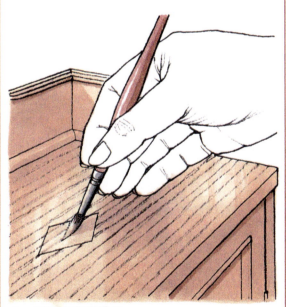

1　周辺の色を塗る

　先のとがった絵画用ブラシを使い、周辺木目のもっとも薄い色に近づくよう、顔料とセラックを混ぜ合わせる。木材に目張りをしたら、線の模様を真似てパッチに描いていく。描いた木目は周辺まで伸ばし、修復箇所との境目をぼかすように。色は極力薄くしておこう。

2　濃い木目でなぞる

　同じようにして、より濃い色の木目を描く。実際の木目を真似ながら、パッチと周辺の境目はぼかしてなじむように。その後、さらに仕上げ剤を1度か2度塗って保護する。フレンチポリッシュを使用する際は、描いた木目がにじまないように軽く塗ること。

単板の補修

とても薄くカットされているため、単板は下地材にしっかりと接着されるまでは、いくぶんもろい。接着剤が固定したのちも、ふとしたことから、あるいは接着剤不足が原因で、ふくれが出たり単板が削れたりして、満足いく仕上がりの前に修復が必要になる場合がある。同様に、破損した単板を修理する必要性は、長年に渡って使用されおそらく手荒く扱われてきた中古家具を復元する際に一段と増す。

ふくれを調べる

通常ふくれは、重ねる前に下地材に接着剤がうまく広がっていなかった箇所に発生する。ふくれは板のプレスが終わればすぐに目につくものだが、ときには単板の表面を指で叩いてみるだけで、わかることもある。詰まった音から変化したら、そこにふくれがある証拠だ。

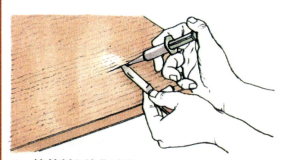

1　接着剤を注入する。

単板の下に接着剤を入れるため、ふくれを湿らせ、鋭いナイフで長さ方向に切れ目を入れる。そこに酢酸ビニール樹脂接着剤を少々つける。ナイフの刃先をうまく利用して、あるいはプラスチックの注射器で注入するとさらによい。

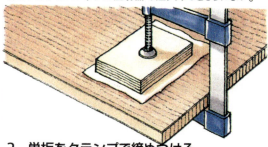

2　単板をクランプで締めつける

ふくれを平らにプレスして空気と接着剤を絞り、表面に出た余分な接着剤は湿らせた布でぬぐう。ポリエチレンを小さくカットしたものを修理箇所に載せ、負荷をまんべんなく広げるために端材を使ってクランプで締めつける。接着剤が固まったら、研磨紙かキャビネットスクレーパーで接着剤のあとを取り除こう。

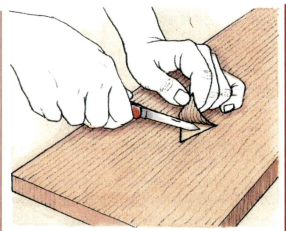

異物を取り除く

単板の下に粗いおがくずや埃がはさまっている場合は、その異物を取り除かないと平らにプレスできない。パッチをじゅうぶんに濡らし、ふくれ周辺にV字型の切り込みを入れる。その切り込みをめくって、異物をナイフで掻きだす。下地材には接着剤を少々塗りつけ、単板をクランプで締めつける。

古い単板をプレスする

比較的最近になるまで、単板はかならず動物性ニカワを使って重ねたものだった。これは多くの点で単板に最適な接着剤であるが、動物性ニカワには耐水性がなく、小さな亀裂から水分が浸透してしまうとゆがむ傾向にある。ただ、動物性ニカワには大きな長所がある。熱で柔らかくすることができて、あらたに接着剤添付のためにふくれを切り裂かなくても、単板をプレスできる点だ。

ふくれにアイロンをかける

茶色の包装紙をふくれた単板に敷き、温めたアイロンで徐々にニカワを柔らかくして、単板を平らにする。包装紙の替わりに湿らせた布を置くと時間が短くてすむが、蒸気で表面の仕上げ剤がだめになる可能性がある。しかし、再度つや出し剤をつけるのであれば、問題にはならないだろう。

単板にパッチをあてる

　節穴や煙草の焼け焦げのような欠点の切りだし、そして単板のパッチ挿入は比較的たやすい。あらたな木工作業の準備中であれば、よく似た木目と色、同じ厚さの単板がきっと見つかるはずだ。

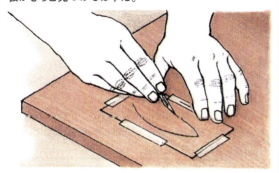

1　パッチを切る
　きずの上に単板片をテープ留めして、鋭いナイフで舟形を描く。パッチとともに下地材に届くまで単板を切り抜く。

2　不要な部分を取り除く
　パッチはどけて、木工用のみで不要な部分を切りだし、下地材をあらわにする。下地材をきれいに掻きだしたら、接着剤をつけてパッチをもどし、クランプで留める。

単板パンチを使う
　薄い単板からパッチを叩き出す目的で、波状の切れ刃をもつ特殊なパンチがある。パンチを直角にもち、木槌をしっかりと1度振りおろし、選択した単板から不規則な形状のパッチを切りだす。パンチを欠点の上に置き、パッチと同じ形のくぼみを切り抜こう。

はがれた単板を補修する

　単板を貼られたパネルの端がむく材で縁取りされていない限り、保護されていない単板はたいへんもろいものだ。不用意に端をはがしてしまったら、単板の小切れがちぎれてしまう前に、ただちに修理しよう。もとの単板を持っているのであれば、きずにパッチを挿入する。

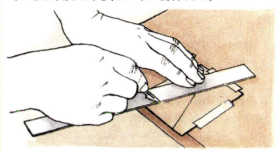

1　単板をトリミングする
　はがれた端から少しはみ出るように、単板の小片をテープ留めして、両方の層をV字型にカットする。下地材を深く切りすぎないように気をつけること。

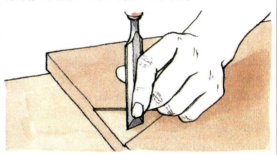

2　下地材まで削り取る
　余分な箇所をていねいに削り取ったら、木工用のみで下地材を削って、きれいなへこみとする。接着剤を塗ったパッチを置いてテープ留めしてクランプで締めつけ、ポリエチレンフィルムを使って、柔らかくなったブロックが作品にくっつかないようにしよう。

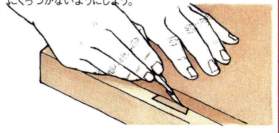

3　重複部分をトリミングする
　接着剤が固まったら、作品をひっくり返し、パネルの端をあてて余分なパッチをトリミングする。表面にやすりをかけ、必要な木目を描く（13ページを参照）。

研磨材

木材の表面は、ニス、ラッカーなどによる塗装をする前に、ほぼ完璧な表面仕上げをしておかなければならない。研磨材で木材をなめらかにこする方法は、望ましい結果を得るための一般的な方法で、木工作業者はそれぞれの目的に沿うよう、豊富な製品から選ぶことができる。研磨材でなめらかにできるのは木材そのものだけではなく、仕上げ剤もまた軽くこすって、付着した埃などのごみが固まって入りこまないうちに取り除くことができる。研磨紙という言葉どおりの製品はもはや製造されていないが、この用語はすべての研磨材を表現する言葉として今なお使われており、今日でも手作業や電動工具で木に"サンディングする（砂で磨く）"と言う。ほとんどの研磨材が、現在ではかつての研磨紙よりずっと優れた合成素材を用いて製造されている。

砥粒の種類

コスト、仕上げをする材料の性質に基づいて、数多くの研磨砥粒から選ぶことができる。

粉砕ガラスは安価な研磨紙を作るために用いられ、主に塗装前の針葉樹材のサンディングに使う。他の研磨材と比較すると、ガラスはかなり軟らかく、すぐに摩耗する。ガラス紙は砂に似た色で簡単に見分けがつく。

ガーネットは天然鉱石で、砕くと鋭い切れ刃をもつ比較的硬い粒子となる。さらなる長所もあり、鈍くなる前に粒子が砕けて新しい切れ刃が出てくる。つまり、ガーネットは自己研磨（切れ刃の自生作用）しているのだ。赤みがかった茶色のガーネット紙は、高級指物職人が針葉樹材、広葉樹材のサンディングに用いる。

現代の研磨材の構造

木工作業の研磨材は、不規則な形状の天然あるいは合成の砥粒を、通常は紙か布の基材に接着剤でつけたものである。能率、つまりその研磨材がどの程度木材を削れるかは、複数の要素に左右される。砥粒の大きさ、その基材が切れ刃を維持できる能力、その研磨紙が木粉と附着した接着剤による目づまりにどの程度抵抗できるか、そして砥粒がはがれることのない砥粒と基材の接着剤の質だ。

自己潤滑炭化珪素紙　炭化珪素紙　ガーネット紙

準備

酸化アルミニウムは手作業、あるいは電動工具でのサンディングを目的として多くの研磨材製品に用いられている。いくつもの色が揃っている酸化アルミニウムはとくに密度の高い広葉樹材をきめ細やかに仕上げるサンディングに適している。

炭化珪素紙は木工作業用の研磨材のなかで、もっとも硬くもっとも高価なものだ。広葉樹材、中質繊維板、パーティクルボードのサンディングにうってつけの素材だが、ニス塗りと塗装の間で磨くための、研磨紙および研磨布の製造に用いられることがもっとも多い。黒から濃い灰色をした"耐水ペーパー"で仕上げをなめらかにする際は、潤滑剤として水を使用する。薄い灰色の"自己潤滑炭化珪素紙"は、水で傷む可能性のある磨きの場合用用いられる。

— 酸化アルミニウム

1　紙あるいは布基材のロール
回転スピンドルサンダーにつけるのが経済的で理想的。

2　スラッシュドクロス
手で丸めることができ、旋盤の作業に用いられる。

3　ベロア基材の小片
はがして使う小片。研磨ブロックとサンダー用。

3

4

5

粉砕ガラス

基材は基本的に、加工のための砥粒を保持するためだけのものだ。それでも、基材の選択が研磨材の効果を発揮させるために重要となることもある。

紙は木工作業用の研磨材に使用されるなかで、もっとも安い基材だ。さまざまな厚み、あるいは"重み"のものを選択できる。柔軟性のある軽量紙は手作業でのサンディングに理想的だが、中程度の重さの基材は研磨ブロックに巻いて使用したほうがいい。さらに厚い紙は電動サンダーで使用する。紙の基材は厚さ、あるいは柔軟性がアルファベットで示してある。もっとも軽いAで始まり、Fまでが存在する。

布あるいは不織布の基材はとても頑丈で耐久性があり、なおかつ柔軟性のある研磨材となる。質のいい布基材ならば折っても割れたり、裂けたり、砥粒がはがれたりしない。布基材は電動サンダー用のベルトに、小片は回転スピンドルになめらかに付いて理想的だ。

不織ナイロン繊維のパッドは、酸化アルミニウムか炭化珪素の粒子を注入したもので、磨き仕上用に、あるいはワックスポリッシュやオイルの塗布に理想的だ。パッドの大きな空洞は詰まりを防ぐためで、流水で洗うことができる。研磨剤のコーティングはパッドの厚み全体に行き渡っているので、繊維が摩耗すると、あらたな研磨剤が現れるようになっている。研磨ベルト、研磨ロール、研磨ディスクはすべてナイロン繊維基材で作られている。
ナイロン繊維は古い仕上げ材（33ページを参照）をはがす際に頻繁に用いられる。そしてさびないため、水性製品の適応に理想的だ。オークはスチールウールの細かな粒子が溝のある木目に入ると染みになる傾向をもつが、ナイロン繊維パッドなら安心して使用できる。
　摩耗防止研磨パッドは木の染色、オイル塗布、ワックスポリッシュ塗布に最適だ。

発泡プラスチックは木工作品の形状に沿って均等な圧力をかけたい際に、二次的な基材として用いる。薄いスポンジに貼りつけた紙基材の炭化珪素剤で、ニス塗布された成形物、旋削された脚や軸を磨くのによい。

4　発泡プラスチックパッド
木工作品の形状に沿う柔軟性のあるパッド。

5　不織布パッド
研磨剤を注入したナイロン繊維

6　標準サイズのシート
サンドペーパーあるいは布シートの寸法は280×230mm。

7　フレキシブルパッド
成形物のサンディングに理想的。

ボンド

　ボンド、つまり基材に研磨材を貼りつける方法はとても重要だ。砥粒を定着させるだけではなく、サンドペーパーの特性に影響するからだ。

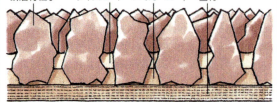

研磨材粒子　サイズコート　メイカーコート　基材

　研磨材の粒子を最初の接着剤の層、つまりメイカーコートにぎっしり埋めこみ、静電気で各粒子の方向を揃えて、基材に対して垂直に、鋭い切れ刃が上をむくように立てる。接着剤の第2層はサイズコートとして知られ、研磨材の上にスプレーして粒子が動かないように、そして横方向からの支持を与える役割を果たす。

　動物性ニカワはサンディングで発生する熱で柔らかくなるため、柔軟性が必要となる場合に使用される。一方、樹脂は熱に強いため、電動サンダーでの使用に理想的だ。防水性があるので、樹脂は耐水ペーパーの製造にも使われる。接着剤と合わせて使うことで、紙の特性が変化するのだ。たとえば、ニカワに樹脂を塗ると、比較的熱に強い紙となり、樹脂と樹脂との組み合わせ以上に柔軟性に富んだものとなる。

添加剤

　ステアリン酸塩、つまり粉石鹸の第3層で粒子と粒子の隙間を埋め、より細やかな研磨材表面を作り、木粉による早期の詰まりを防げる。ステアリン酸塩を始めとする化学添加物は、硬い仕上げ面を磨く研磨材の固形潤滑剤として機能する。

　サイズコート中の静電気防止の添加剤は目づまりを劇的に減らし、集じん装置の効率をあげる。この結果、木工作品、周辺、電動工具に埃がたまることが減る——同じ作業所で研磨作業と仕上げの両方をおこなう場合には、紛れもない利点だ。

研磨材の保管

　研磨紙や研磨布はビニールに包み、湿度から守る。シートは平らに、研磨面がこすりなわないように置いておこう。

研磨紙の粒度

　研磨紙は粒子の大きさにしたがって粒度が決まっており、超細、細、中、粗、あるいは超粗に分類されている。このカテゴリーでほとんどの目的に見合うが、正確な粒度の研磨材で作業を進めたい場合は、各カテゴリーが番号によってさらに区分されている。他にも、複数の異なる等級付けが存在するが、どれも正確な比較はできない。しかし、下記に表で示したとおり、高い番号がより細かい砥粒であることは確かである。

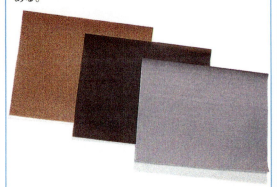

研磨紙の粒度		
極粗	50	1
	60	1/2
粗	80	0
	100	2/0
中	120	3/0
	150	4/0
	180	5/0
細	220	6/0
	240	7/0
	280	8/0
極細	320	9/0
	360	—
	400	
	500	
	600	—

クローズドコート、オープンコート

　研磨紙は砥粒の密度によっても分類されている。クローズドコートの研磨紙は研磨粒子が詰まっており、研磨箇所に切れ刃がたくさんあるため、比較的早く研磨できる。オープンコートの研磨紙は粒子と粒子に大きめの隙間があり、目づまりが減る。こちらは樹脂の多い針葉樹材に適している。

手作業で研磨する

 ほとんどの木工作業者は製作の早い段階では電動サンダーを使用するが、通常の仕上げは手でおこなうことが必要となる。成形加工がされている場合はなおさらだ。もちろん、すべての作業を手でおこなってもよい――時間が長くかかるだけである。

 つねに木目と平行に研磨し、粗いものから細かい粒度へと研磨材を変えて作業して、各段階で前の研磨紙がつけたひっかききずを取り去っていく。木目と垂直に研磨材をかけると、除去が難しいひっかききずが残る。

 ほとんどの部材は組み立てる前に研磨したほうが楽だが、接ぎ手の胴を丸くしたり、木を削りすぎてがたつきがでないように注意しよう。古い家具の復元では、角の研磨や、部材と部材のつなぎ目にある交走木理の研磨は難しいだろう。

研磨ブロック

 研磨紙を研磨ブロックに巻くと、平らな表面の研磨がぐっと楽になる。端材の下側にコルクタイルを貼って自作してもいいが、既製のコルクかゴムの研磨ブロックはとても安価なので、わざわざ作ってもあまり意味がない。

 ほとんどの研磨ブロックは、標準サイズのシートから切り取った研磨紙で包むようにデザインされているが、あらかじめ接着剤がついたものか、あるいはベロア基材で交換が必要になればはがせばよいタイプを購入してもいい。両面ブロックは片面が硬いプラスチックでできており、平らな表面のサンディング用だ。裏面のもっと柔らかなスポンジは成型加工物と曲線用。

ベルクロ張り発泡プラスチックブロック　両面ブロック　コルクブロック　ゴムブロック

研磨紙を切り取る

 研磨紙を作業台の端で折ったら折り目から裂いて端切れとし、手持ちの研磨ブロックに合うようにしよう。ブロックの底に渡して巻き、両端は指で押さえておく。

平らな表面を研磨する

 作業台の横に立ち、木目と平行にまっすぐ研磨ブロックをこすることができるように。弧を描いて腕を動かすと、交走木理にひっかききずを作りやすい。一定のペースで作業し、研磨材に仕事をさせよう。苦労して力を込めてこするより、頻繁に研磨紙を取りかえて同じ成果をあげたほうが賢い。

 こうして表面をまんべんなくならす。つねに、研磨ブロックが木材に対して平らになるよう心がけよう。作品の辺近くではなおさらだ。そうしないと、鋭い角をうっかり丸くしてしまう。

木口を研磨する

 研磨の前に、指で木口をなでて繊維の生長方向を見定めよう。右から左、左から右、どちらかがよりなめらかに感じられるはずだ。最高の仕上がりとするために、もっともなめらかな方向へ研磨すること。

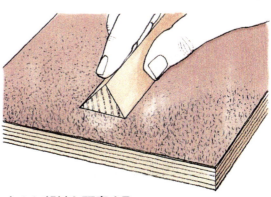

小さな部材を研磨する

 従来の方法では小さなアイテムを固定し研磨することは不可能だ。替わりに、研磨紙を平らな板に表向きにして貼りつけ、その部材をこする。

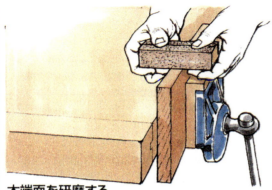

木端面を研磨する

　狭い木端面に研磨する際は、鋭い角を保つことがかなりむずかしくなる。研磨ブロックを水平に保つには、万力で作品を垂直にはさみ、研磨ブロックの両端をもって、指先を作品の両面に沿って走らせるようにして、研磨ブロックで前後にこする。最後に、角に沿って研磨ブロックで軽くなで、稜を取り除き、けばが出ないようにしておく。

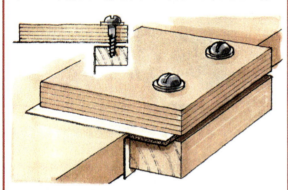

木端面研削ブロックを作る

　木端面研磨の正確性が、木端面に単板を貼る加工の際はとくに重要になってくる。2枚の板を一緒にねじで留めて木端面研削ブロックを作り、その間に研磨紙2枚を向かい合うようにはさむ。1枚は折って、直角になるように。そこで作品の木端面に沿ってブロックでこすり、同様にして隣り合った面にも研磨する。

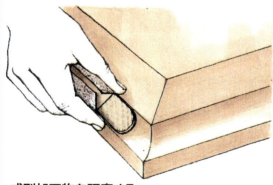

成型加工物を研磨する

　成型加工物を研磨する際は、形づくったブロックかだぼを研磨紙で包む。また、発泡プラスチック基材の研磨紙か、ナイロン繊維注入パッドを使ってもよい。

研磨の手順

　誰でも木工作品の準備や仕上げには、好みの手順があるだろう。しかし、次に挙げた手順は満足いく結果を得るために適した研磨材の粒度として、ガイドになるはずだ。異なる木材を使用するときは、この手順で実験と修正を繰りかえすことが必要になるだろう。つまった木目の広葉樹材をたとえば極細の研磨材で研磨する場合、表面をつや出ししようとすると、あとの木工染色が難しくなってしまう。

　まず120番手の酸化アルミニウム紙かガーネット紙で始め次に180番手と、表面がなめらかに、研磨紙の跡が見えなくなって似たようなきずになってくるまで続ける。80～100番手のように粗い研磨紙は、木材がかんながけされておらず、表面がまだじゅうぶんなめらかになっていない場合を除けば、使う必要はない。

　木粉やこまかなチリをとるように作られたタックラグ（油を染みこませた布）を使ってサンディングの途中で木粉を取り除く。作品はつねに清潔に保っておかないと、研磨した粒子が比較的深いひっかききずを表面に残すこともある。

　続いて、220番手を使って30～60秒研磨したら、湿らせた布で表面を拭いて木目を目立たせる。10～20分待つと、その頃には水分が細かな木の繊維を広げ、繊維がくっきりと表面に立ちあがっている。新しい220番手の研磨紙で表面を軽くなで、この"けば"を取りのぞき、完璧になめらかな表面にしよう。水性の製品を塗る前に木目を目立たせることは、とくに重要である。

　この段階までこぎつければ、安心して仕上げ剤を塗ることができるが、作品に特別な仕上げをほどこしたかったら、ふたたび木目を目立たせて、320番手の研磨紙かナイロン繊維パッドを使ってごく軽くこするとよい。

研磨した表面を調べる

　作品を浅い角度で光にあて、表面が均等に研磨されているか、目につくひっかききずをすべて取り除いているか確かめよう。

サンダー

今日では可搬式のサンダーのおかげで、木工作業は長く退屈なサンディングの作業から解放されている。しかし、オービタルサンダーでさえ、仕上げ剤をひと塗りして初めて目につく溝やひっかききずを残すこともある。念のために、サンダーをかけたあとは湿らせた布で木目を浮かびあがらせ、細かい研磨紙かナイロン繊維パッドを用いて手で軽く磨こう。

ベルトサンダー

重研削ができるサンダーで、のこで挽いた木材でさえも削ってなめらかに仕上げることが可能だ。つまり、木材のかなりの量を瞬く間に取り除く工具なので、作品の木端面を丸くしすぎないよう、あるいは単板の層を摩耗させないように気をつけて扱う必要がある。研磨する面を枠でかこむ特別な付属品があれば、工具の傾きを防ぐことができる。これは作業がパネルの木端に近づいたときにとくに役立つ。ベルトサンダーはかなりの量の埃を発生させるので、集じん袋を取りつけるか、集じん装置を使用しよう（24ページを参照）。

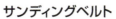
ベルトサンダー

サンディングベルト

布あるいは紙基材のベルトは平均60〜100mm幅のサンダー用に作られている。2つのローラーの間にぴんと張って使うもので、前方のローラーは張りとトラッキングを調整できるようになっている。レバー操作で張りを緩め、ベルトを交換できる。いったんサンダーが動き始めたら、小さなノブを調整してベルトがローラーの中央にくるようにしよう。ほとんどの用途に中〜細の研磨ベルトを用いる。

ベルトサンダーを使う

細かな木工作業にベルトサンダーが必要となる場面はほとんどないだろうが、大きな角材や木質ボードをなめらかにする際は役に立つ。スイッチを入れ、ゆっくりと作品にむけてサンダーを降ろしていく。接触したらただちに、サンダーを前方へ動かす。サンダーをその場に静止させたり、表面に深く降ろしたりすると、木材に深い刻み目をつけてしまうだろう。木目の方向にのみ研磨して、工具を絶えず動かし続け、平行に重なりあうように使う。作品からサンダーをもちあげてから、スイッチを切ろう。

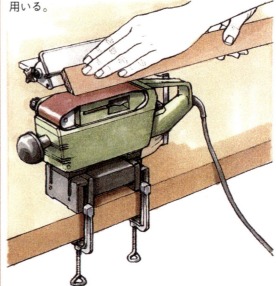

ベルトサンダーを固定する

専用のクランプを用いて、可搬式のベルトサンダーを逆さにして作業に取りつけ、動くベルトにあてて小さな部材を研磨することが可能だ。作品を支えるために定規を使う。また、端のローラーで作品を曲線に形づくることもできる。

オービタルサンダー

順次目を細かくして研磨材を使ううちに（20ページを参照）、最後の軽いサンディングで木目を浮かびあがらせることが難しくなったら、その後どんな仕上げをする場合でも、オービタルサンダーを使えば仕上げに進める表面が作りだせる。ただし、クリア仕上げを塗る前に表面を念入りに調べ、ベースプレートの楕円形の動きによって発生する渦巻き状のひっかききずがないことを、かならず確認すること。オービタルサンダーのなかには、こうしたきずが発生しないよう、直線で前後する動きに切り替えられるものもある。

オービタルサンダー

オービタルサンダー（片手持ち）

オービタルサンダー（片手持ち）

オービタルサンダーの大多数は両手で持つように設計されているが、軽量の片手持ちオービタルサンダーも市販されている。

サンディングシート

研磨紙の小切れは特にオービタルサンダー用に作られている。ハーフ、1/3、1/4のシートがあり、これらは手作業の研磨用に作られた標準サイズの研磨紙を基準にしている（17ページを参照）。サンダーのベースプレートの各端に針金留めして使用するもので、小切れをベロア基材か自己研磨材にすると、やりやすい。目づまりを防ぐためにも、健康のためにも、集じん装置付きのサンダーを選ぼう。このタイプはベースプレートと研磨紙のどちらにも穴を開け、木粉をサンダーの下から直接集じん袋か電気掃除機に吸いこむ（24ページを参照）。

研磨紙に穴を開ける

既製品のシートはとても手軽だが、普通の研磨紙の小切れかロールに穴を開ければ、かなりのコストを節約できる。軟らかい鉛筆と白い紙をもちいて、サンダーのベースプレートをこすりつける。この紙を同じ場所に穴を記した図案として、中質繊維板にドリルで穴を開け、短い尖っただぼを糊づけしよう。

ベースプレートに研磨材の小切れを取りつけたサンダーをこの自作穴開け器に押しつけ、研磨紙に穴を開ける。

準備

オービタルサンダーを使う

　オービタルサンダーには過度の圧力をかけすぎないようにしよう。研磨材がオーバーヒートして、早々に木粉と樹脂で目づまりを起こしがちだ。サンディングが長くなってきて指先がちくちくする感覚が生まれたら、強くプレスしすぎているということだ。

　サンダーを木目に沿って前後に動かし続け、表面をできるだけ均等にする。スピード調節式サンダーを使用している場合は、粗い砥粒では最遅を選び、細かな研磨材に替えていくにしたがってスピードをあげていこう。

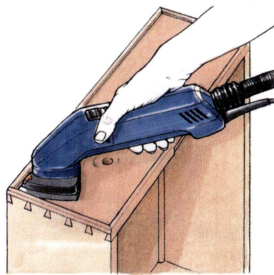

角をサンディングする

　よく設計されたオービタルサンダーならば、パネルや彫った溝の角や小口面まで研磨が可能なはずだ。しかし、さらにきつい角度や交走木理の留接ぎ部には、三角形のベースプレートをしたデルタサンダーを使用するといい。

コードレスサンダー

　充電式のサンダー使用には、明らかな利点がある。作品に引っかかる電気コードがないので、場所を移動しなくても戸外で作業ができ、電源供給を気にしなくていい。しかし、現在入手できるコードレスサンダーは数少ない。

ランダムオービタルサンダー

　通常の回転と偏心による動きを組みあわせたランダムオービタルサンダーは、木材表面からはっきり目につくひっかききずを事実上除去してくれる。円形のベースプレートにはサンディングディスクと、同様に通常のオプションも使える。オプションにはベルクロ紙あるいは自己研磨材のアタッチメント、そして集じん装置用の穴あき研磨紙がある。なかには、たいらな表面にもカーブのある表面にも対応できるサンダーもあるが、その他のサンダーはベースプレートの交換が効き、広い面やパネルの作業をする場合は研磨範囲を広げることができるタイプになっている。ただひとつの欠点は、角の研磨ができないことである（下を参照）。

ディスクサンダー

作業台に据え付けたサンダーは別にして、高級指物師はめったにディスクサンダーを使用しない。木材に深いひっかききずを残すことがあるからだ。しかし、旋盤職人はボウルや大皿のサンディングに便利なことから、ディスクサンダーと旋盤の動きの組みあわせを利用している。

可変シャフトサンダーとディスク

25～75mm径の軸装着パッドが、可搬式の電動ドリルや、さらに操作しやすい可変シャフトサンダー用に製造されている。あらゆるサイズの発泡パッドに対応したベロア裏地のディスクや、布か紙を基材とした自己接着研磨材ディスクが市販されている。

可変シャフトサンダー
発泡パッド
ベロア裏地ディスク

旋盤作業者のための利点

小型ディスクサンダーは木彫やひな形といった複雑な木工に理想的だが、何よりも適しているのは旋盤である。柔らかな発泡プラスチックパッドは、木製ボウルや壺の変化していく輪郭にぴったり沿ってくれるため、過度な熱を発生させることなく、均等な圧力分散が保証される。さらに重要な点は、ディスクも作品も同時に回転するため、木材にひっかききずをつけることなく、工具のきず跡をすみやかに取り去ることができるのだ。

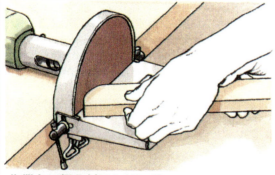

作業台に据え付けたサンダー

作業台にしっかりと据え付けた比較的大きな径をもつ金属ディスクサンダーは、木口の仕上げに申し分のない工具だ。粗い砥粒から細かな砥粒へと使用していけば、ディスクサンダーで作品の形づくりも可能だ。作品を動かし続け、木口を下向きに回転するディスク面に軽く押しつける。過度の圧力をかけると、木材を傷めることは避けられないので注意が必要だ。

粉じんから自分自身を守るために

サンダーは注意して使いさえすれば、とくに危険な工具ではない。しかし、サンディングによって発生する粉じんは健康に悪影響を与えることがあり、また、火災を引き起こす危険性もある。

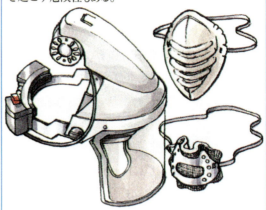

フェイスマスクとヘルメット

サンディングの際は、少なくとも鼻と喉を覆うフェイスマスクを着用すること。どんな工具店でも安価な使い捨てマスクを販売しており、サンダーをレンタルする際はキットの1部として通常ついてくる。

電池式の防塵マスクは軽量ヘルメットに組みこまれたもので、強い保護力を提供してくれる。顔を覆って空気は通すフィルターの奥から風が吹きだして、作業者が細かな粉じんを吸いこむことのないように設計されている。

集じん装置

高級サンダーは、粉じんを集じん袋に吸いこむ装置がセットになっている。袋は作業後、あるいは袋がいっぱいになると使い捨てできる。さらに効率をあげるには、サンダーを産業用の電気掃除機につなげ、作品の表面から直接粉じんが吸いこまれるようにするといい。専用の集じん装置は、サンダーのスイッチを入れれば動くようになっている。

木材を削る

木材をなめらかにするには、サンディングがもっとも使用されている方法ではあるが、粉じんを出すかわりに薄くこそぎとる方法で表面を削ると、さらに優れた仕上げが得られる。スクレーパーは精密な切削が可能なので、かんながけがうまくできない荒れ木目の部分に使える。

キャビネットスクレーパーを操る

両手でスクレーパーをもち、自分から見て向こう側に倒して、奥へとスクレーパーを押す。底近くを両手の親指で押してスクレーパーを曲げ、中央付近の狭い幅に力を集中させ、木材から小さなきずを削り取る。異なる湾曲や角度で試し削りをしてみれば、目的の作業に合わせて動きや削る深さを変えることができるようになる。

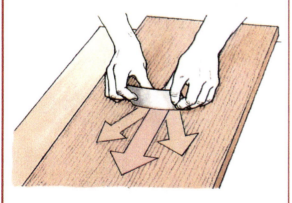

ウッドパネルをならす

パネルを削ってたいらにならすには、一般的な木目の方向へわずかに傾けたスクレーパーで2方向に動かす。仕上げに、木目と平行に木を削ってなめらかにする。乾いた接着剤や焼け板の小さな木切れを削る際も、同じ方法を用いて、深いくぼみを残さないようにする。

キャビネットスクレーパー

標準のキャビネットスクレーパーは、鍛鋼を小さな長方形にしただけのものだ。成形した表面や成形加工物には、多数の凹凸の曲率に適合するよう成形したものや雁首状のスクレーパーが必要である。スクレーパーを使用する前に、切れ刃の準備として研いでおくこと。

1 スクレーパーにやすりがけする

スクレーパーを万力にはさみ、長手方向の2辺をやすりがけし、完璧な四角にする。やすりが折れないよう、指先をスクレーパーの両面に保持してしっかり支えよう。

2 スクレーパーをホーニングする

やすりかけは油砥石で磨かねばならない粗い面を残す。油砥石をスクレーパーの面に平らに保ち、切れ刃の両面をこする。

3 バリをおこす

金属研磨器を使い、両方の切れ刃に沿って金属を伸ばす。適切な工具が入手できない場合は、丸のみのカーブした背を使おう。作業台の上にスクレーパーを押さえ、各辺をしっかりと4度か5度、研ぐ。スクレーパーと平行になるよう気をつけながら、金属研磨器を自分のほうへ引くとよい。

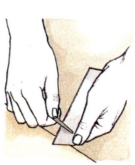

4 バリをとる

スクレーパーが使えるようにするため、おこしたバリは直角に折らなければならない。バリのできた辺に対してわずかに角度をつけて、金属研磨器をもち、スクレーパーに沿って2度か3度引く。

木目の充填とシーリング

オークやアッシュのように溝のある木目の木材は、半光沢ニスやオイルのような仕上げ剤を塗布すると見栄えがよくなるが、フレンチポリッシュやつやのあるニスは小孔に沈むため、まだらで穴の開いた表面となり、仕上げの質を損ねる。

理想的な解決法は、仕上げ剤を2度塗りすることだろう。最初の塗りのあとに小孔がふさがるまでこすってやるといい。ただし、この方法は時間のかかる大変な作業なので、木工作業者の大多数は市販の木工目止め剤を使う。ほとんどの一般用途の目止め剤は木材の色をした粘りのあるペーストだ。仕上げをしたい樹種に近い色を選ぼう。完全に合わせることが不可能であれば、つねに濃い色にしておくのが無難だ。

着色した木材に充填する

木工目止め剤の塗布は木材に着色する前がいいのか後がいいのかは議論の余地がある。先に目止めをおこなうと、まだらで不均等な色になる可能性があるが、後から目止めをおこなうと、のちに研磨する段階になって色を摩耗させる危険がある。解決策の1つとして、まず木材を着色し、それからサンディングシーラーか透明フレンチポリッシュの2度塗りで保護するといい。それから、同じ親和性の木工染色剤と混ぜた木工目止め剤を塗布する。

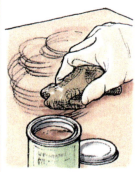

1 木工目止め剤を塗る

表面が完璧に清潔で埃がないことを確かめる。粗い麻布を丸めたものを木工目止め剤に浸し、勢いよく木材にこすりつける。円を重ね合わせるように。

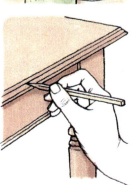

2 余分な目止め剤を取り除く

目止め剤が完全に乾燥する前に、清潔な麻布で木目を横切るように拭き、表面から余分な目止め剤を取り除く。成型加工物や木彫にたまった目止め剤はとがった棒を使って掻きだそう。

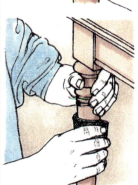

3 磨く

木工目止め剤を一晩置いて乾燥させ、220番手の砥粒の減摩炭化珪素紙を用いて、木目の方向に軽く研磨する。成型加工物や旋削されたものはナイロン繊維パッドの研磨材で磨こう。

サンディングシーラー

シーラーには複数の働きがある。多孔性の木材は仕上げ材を吸収してしまい、うまく仕上がらないものだが、ペイント用のプライマーとしてだけでなく、フレンチポリッシュ塗布前の下塗りとしても使用できるのがシーラーだ。中でももっとも重要なことは、セラックベースのサンディングシーラーは優れた保護層としての役割も果たす点だ。木工着色が溶脱することを防ぎ、最終仕上げの定着に影響するシリコンオイルのような汚れが残らないようにできる。このために、再生仕上げ(33ページを参照)の前に分解した古い家具へのシーラーとして適応するとよい。しかし、サンディングシーラーには、ある種のニスがうまく定着しないので、作業を始める前にメーカーの指示を確認したほうがいい。

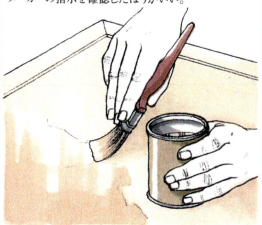

サンディングシーラーを塗る

木材をよく研磨したら、タックラグで埃をぬぐう。木材にサンディングシーラーを塗り、1〜2時間置いて乾かす。目の細かい研磨紙、研磨パッド、0000番手のスチールウールで表面をこすってから、選んだ仕上げ材を塗ろう。多孔性の木材の場合は、シーリングコートを2度塗りしたほうがいい。

Chapter 2　塗装補修

歳月を経た趣のある木工作品を
修復するならば、
一新するよりは
できるだけ手を加えずに、
保存するぐらいの
気持ちで作業したほうがいい。
ほとんどの専門家には
こうした同意がある。
微妙な色とトーンの変化——
アンティーク仕上げの古つや——
は簡単になくせるが、
ふたたび生みだすことは
とても困難だからだ。

REPAIRING FINISHES

古い仕上げ面を
クリーニングする

　長年に渡る使用で、家具や木製用品にはしだいに汚れたワックスポリッシュやオイルの層がたまっていき、色や木目を隠してしまう。使っている私たちも変色したニスでぼやけたペイントの見た目に慣れてしまうため、かつてはどのような仕上げで、手入れをおこなえばどれだけ見た目が向上するか想像もできなくなっている。しかしながら、ほとんどの古い木製品はクリーニングによって状態がよくなり、中には仕上げの質を復元するならこの作業さえおこなえばいい場合もある。

クリーニング液
　積み重なった汚れの層を分解する市販品は数多く存在するが、通常のホワイトスピリットでもじゅうぶんだ。

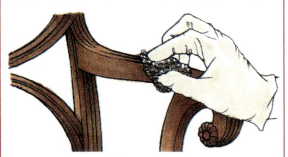

1　クリーニング液をつける
　麻布を丸めたものか、000番手のスチールウールを液に浸し、木目の方向に汚れた木材を磨く。すると表面にクリーナーと溶けたワックスのかすが浮く。かすが固まらないうちに、清潔な布パッドかペーパータオルでぬぐい取る。

2　成型加工物をクリーニングする
　研磨ナイロンパッドのスチールウールを用いて、ワックスや汚れがもっとも厚く溜まりがちな溝の奥、角、成型部分をきれいにする。かなりの度合いで仕上げ材をこすりとらねばならない場合は、力を入れすぎないようにしよう。最後に、ホワイトスピリットに浸した柔らかい布か摩耗防止つや出しパッド（17ページを参照）で、表面全体をきれいにする。

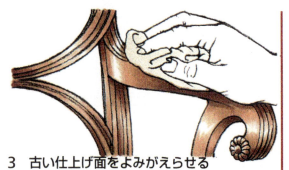

3　古い仕上げ面をよみがえらせる
　ホワイトスピリットと研磨剤の相互作用で、本来の仕上げ面はきれいになるが、生気を欠くように見える。そこで専用クリームを購入して乳濁化させ、表面のつや出しをおこなうか、メタルポリッシュや車塗装用のクリーナーのような液体研磨剤を使用しよう。柔らかい布パッドに少々注いで、つやの消えた表面を勢いよくこすり、つやのある仕上げをよみがえらせ、最後にワックスポリッシュを薄く広げる。
　白木の部分までワックス仕上げをはがした場合は、つや出しクリームやリキッドは使用しないように。

仕上げにパッチをあてる
　つや出しだけでは、仕上げがひどく摩耗したり傷んだ部分はじゅうぶん復元することはできないだろう。どんな仕上げにしろ、部分的に色を復元するためにワックスポリッシュを使用することは可能だが、再生の必要なとても薄くなっている箇所がある場合は、当初のポリッシュかニスが何かを確認する必要がある。

古い仕上げ方法の同定
　20世紀初頭に制作された木製品は、すべてフレンチポリッシュ仕上げと思ってまずまちがいない。アルコールで湿らせた白い布を指先に巻き、目立たない場所をこすってみるとチェックできる。フレンチポリッシュならば布に茶色の汚れを残す。しかし、表面の汚れしか付着しなかった場合は、同様のテストを適当な薄め液を使ったラッカーでおこなってみよう。シンナーはフレンチポリッシュだけでなくアクリル性ニスも溶かすが、アクリル性ニスはごく最近になるまで使用されなかった仕上げ材なので、制作年代が手がかりになるだろう。現代のニスのほとんどは、専用の剥離剤を使用しない限り完璧な不溶性だ。

ひっかききずを取り除く

塗装補修

　たいしたひっかききずもなく何年も使用されてきた家具はよく見かけるし、そうした表面上のきずは気に留めず無視されることがほとんどだろう。ところが、新しく磨きあげた表面に鋭い物でひっかいてしまった場合は話がちがう。そうしたひっかききずを見えなくできるのは熟練した人だけだが、きずの深刻さに応じて、それなりに目立たないよう補修する方法はある。深いひっかききずは1つずつ処理し、ワックスあるいはオリジナルの仕上げ材で埋める。一方、浅いひっかききずはつや出しするか、地の色にとけ込ませるほうがいい。

ワックススティックで充填する

　セットになった色つきワックススティックが、比較的深いひっかききず用に市販されている。スティックの鋭い先端できずが埋まるまで磨き、地と似た色になるまで他の色で調整する。作業所の室温が低い場合は、スティックを使用前に少々温めておく。付着したワックスをなめらかにして余分は柔らかな布で表面からぬぐいとり、明るい色のワックスポリッシュで修復箇所を覆う。

ひっかききずのついた表面をつや出しする

　小さなひっかききずは、研磨リバイバー（28ページ参照）でつや出しする。あまり長い時間使用しないこと。きずをすっかり取り去ろうとして、仕上げ材まで落としてしまうより、ひっかききずをごまかす程度のほうがよい。

小さな亀裂を隠す

　表面のひっかききずは色が薄く、色が濃い汚れより目立ちがちだ。細かな無数の細かなひっかききずは、傷んだ部分をワックスと着色剤を混ぜた液体のひっかききず隠しで磨くといい。

ひっかききずを補正する

　個々のひっかききずを、特別なフェルトペンに木工用染料を含ませたものでなでる。十分間経ったら、表面にセラックかワックスポリッシュを塗ってよい。

セラックポリッシュかニスを加える

　専門の修復家はスティックセラック（11ページを参照）を深いひっかききずに溶かすが、過度の充填を避けるには経験が必要で、もとのきず以上に大きな修復が必要にもなりかねない。時間はかかるがずっと作業が楽な方法は、ひっかききずを通常のセラックポリッシュ（52～53ページを参照）で充填するものだ。セラックポリッシュは浅皿に注ぎ、わずかに粘りがでてくるまで空気にさらしてから使用する。同様の技法を採用して、缶から取りだしたニスを直接そのまま最近の仕上げ材の修復に使うことができる。

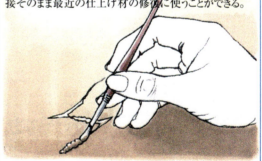

セラックポリッシュで充填する

　細い絵画用ブラシをもちいて、粘りが出たポリッシュをひっかききずに沿って走らせ、固まらせる。必要ならば、表面からやや目立つ程度にポリッシュを加え、じゅうぶんに固まらせる。自己潤滑性の細かな炭化珪素紙をごく細いコルク片に巻つけ、修復したきずを研磨するために使う。それから表面を液状のリバイバー（反対のページ参照）かワックスポリッシュでつや出しする。

汚れを一掃する

　ホワイトリングにしろ、黒っぽい跡にしろ、見た目を損なう汚れは古いテーブルやサイドボードによく見られるものだ。水やアルコールが表面に残って、多くはフレンチポリッシュである仕上げ材の表面に作用して起こるもので、これは避けがたいことだ。ほんの少量の水やアルコールでもこうした汚れは発生してしまう。輪状の汚れは花瓶やタンブラーの下についた水分によって起こることが一般的だ。コーヒーマグや熱い皿でも似たような跡がつくが、こうした汚れのほうが通常は深く残ってしまう。

　どんな場合でも、水分が木材自体に浸透しておらず、黒っぽい跡が残っているだけなら、再仕上げをしなくても問題は解決する。この場合は、仕上げをはがして染みを漂白するだけでよい。

汚れを磨く
　仕上げ剤が何にしろ、ホワイトリングは適当なリバイバー、水性メタルポリッシュ、車塗装用のクリーナーで磨ける。柔らかい布に浸して使おう。汚れを取りのぞいたら、表面全体を均等な仕上がりになるまで軽くつや出しして、ワックスかフレンチポリッシュを塗っておく。

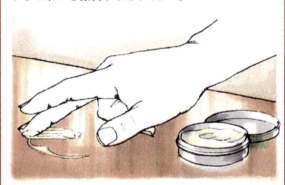

ワセリンでにじませる
　白い跡をワセリンで広くにじませ、染みこむまで24時間放置する。余分なワセリンを柔らかい布で拭き取る。もしきずがそれほど深刻でなかったら、汚れはこれだけで消え去っているだろう。

汚れを漂白する
　小さな亀裂は仕上げ剤の下まで水分が染みこんでしまうため、黒っぽく不規則な跡ができてしまう。この場合修復には、表面から仕上げ剤をはがして（32〜35ページを参照）、シュウ酸溶液で汚れを漂白するしかない。木工仕上げ用品の専門店でシュウ酸の結晶を扱っているし、近くの薬局でも購入可能だろう。シュウ酸は極めて毒性が高いため、子どもの手の届かない場所に保管すること。

　作業所の換気をよくしてから、木工漂白剤を混ぜ、使用する。防護手袋、ゴーグル、エプロン着用を忘れないこと。ガラス容器に湯を半分満たし、そこにシュウ酸を徐々に入れていき、木製のへらで溶けなくなるまで混ぜる。シュウ酸結晶には決して水を注がないこと。

変性アルコールで拭く
　フレンチポリッシュは変性アルコールに溶けるので、これで白い染みに"蓋をする"ことが可能な場合もある。柔らかい布パッドを変性アルコール（57ページを参照）で湿らせ、汚れを軽く拭く。くれぐれも布は湿る程度にしておかないと、仕上げを損ねる危険大だ。変性アルコールが蒸発するまで待ち、染みが消えるまで同じ処理を繰りかえす。

漂白剤を塗る
　溶液を10分間ほど置いてから、白い繊維かナイロンのブラシをもちいて、汚れに塗っていく。木材が乾くまで待ち、まだ汚れがしつこく残っているようならば、ふたたび漂白剤を塗る。最後に水で木材を洗い、じゅうぶんに乾くまで置く。フェイスマスクをつけて、浮き上がった木目を細かな研磨紙で磨く。残った漂白剤は安全に廃棄すること。

仕上げ剤をはがす

塗装補修

　潔癖な人は古い仕上げ剤をはがすべきではない、色やオリジナルのつや出し剤の古つやがアンティーク家具の大きな価値なのだと主張するだろう。基本的にはこれはいい意見で、価値のあるテーブルやキャビネットをたんに輝かせて再仕上げをおこなうと、たしかに値打ちを減らすだけだ。ただし、再仕上げするより他にない状況もわずかならが存在する。

　たとえば、火や水でとても深刻なダメージを受けることもあり、こうなるとオリジナルの仕上げ剤もかなり傷むために、はがすしかない。また、小さな汚れを漂白する際も仕上げをはがすしかないが、この場合は修復箇所だけをはがし、できるだけ確実に再現してやれば済む。

　古い家具すべてに価値があるわけではないことは覚えておこう。そして仕上げ剤をはがして再仕上げをおこなえば、使い勝手がよくなることもある。同様に、作りつけの食器戸棚は仕上げ剤をはがして再装飾をうまく仕上げることができれば、質が向上するというものだ。

　仕上げ剤をはがすことが適切かどうか判断する際は、他にも多数の方法と材料があることを考慮に入れよう。最終判断は、はがすことになる仕上げ剤のタイプ、面積、作品の質、そしてある程度はコストと手軽さといった要素に基づくことになる。

1　パネルドア
塗装した食器戸棚の扉は通常、薬液浸漬（34ページを参照）で安全にはがすことができる。ただし、熱した苛性ソーダでは薄いパネルが割れてしまうだろう。

2　むく材の椅子
これもまた工業除去剤ではがせる木工作品。旋削された脚や軸を持つ椅子を手作業ではがす場合はかなり時間がかかる。

3　曲木の椅子
熱した苛性ソーダに浸すと、曲木の家具はゆがんでしまう。手作業で仕上げ剤をはがしたくない場合は、低温薬剤あるいは温めたアルカリ液に浸す。

4　成型加工物
ほとんどのむく材製品は、工業除去剤で安全にはがすことができるが、彫刻された木材を研削して木目を浮きあがらせることは、大変な作業となる。こうしたアイテムには薬剤ペイントかニス除去剤（32～33ページを参照）を使ったほうがよい。

5　アンティークの木工作品
アンティーク作品については、手作業ではがすことがつねに最適である。そうすれば、修復が必要な箇所の仕上げ剤だけを取り除くことができる（34ページを参照）。

6　単板貼りの作品
熱した苛性ソーダで下地材から単板を浮かせることができる。しかし、製造元が安全を保証していない限りは、工業的手法は賢いとは言えない。

除去剤

さまざまな木工作品から仕上げ剤を上手に取りのぞく多くの方法は、ものが精巧な家具であれ、古いパインのドアであれ、部分的にニス、ペイント、ポリッシュを溶かす除去剤を塗って、粘りのある液にして表面からこそげとり、洗えるようにすることである。ワックスポリッシュはホワイトスピリットでこそげとることが可能で、フレンチポリッシュの一部であれば変性アルコール（34ページを参照）を使うとよい。しかし、市販のペイント・ニス除去剤がはるかに使いやすく、その仕上げ剤が何か正確に確認できなくても、どんな仕上げ剤でもはがせることだろう。

変性アルコール / スチールウール / スクレーピング工具 / 一般用途除去剤 / マスクとゴーグル / 防護手袋

市販のペイント・ニスリムーバー

品揃えが豊富なので、必要に応じて製品が見つけられるだろう。ほとんどのタイプの仕上げ除去剤は、ペイントやニスを置いている金物屋なら入手できる。

一般用途の除去剤

もっとも一般的に手に入る除去剤で、水性ペイントとやニスも含め、どんな仕上げ剤でも取り除けるように作られている。一般的にかなり害のある物質なので、取り扱いには注意が必要。悪臭を発するものもあるため、使用中はフェイスマスクを身につけることだ。

ニスリムーバー

現在の仕上げ剤には、少数だが一般用途除去剤に耐性のあるものも存在するため、頑固なニスを軟化させる特別な除去剤を販売しているメーカーもある。一般用途除去剤より強力なので、メーカーの取扱説明書にじゅうぶん注意してしたがおう。

安全除去剤

いわゆる安全除去剤は仕上げ剤除去剤の新しい世代の製品で、害のあるガスを発生しないため、一般的に防護手袋を着用せずに扱える。安全除去剤で作業をおこなう際は、時間を多めに見積もっておこう。仕上げ剤によっては、どちらかと言えば反応が遅いものがあるからだ。

液体除去剤・ジェル状除去剤

多くの仕上げ除去剤は2通りの形状で販売されており、作品の性質に合わせて選べるようになっている。粘りのあるジェル状の除去剤はどんな垂直面水平面にもからみつくため、作りつけの家具のように作業台に水平に寝かせることのできない作品に最適だ。液体除去剤は繊細な木彫や成型加工物に使用したほうがいいが、扱いはかなりむずかしくなる。

スピリットあるいは水で洗い流す

軟化した仕上げ剤を取りのぞく際は、除去剤をすべて除去するために作品を洗う必要がある。メーカーの勧めは水のことが多く、これは作業所内に溶けた際のガスが過度に発生することのないよい選択肢である。しかしながら、象眼や繊細な単板を水の影響から守るには、ホワイトスピリットで洗い流せる除去剤を選ぶことになる。

安全のための注意

事前にじゅうぶんな対策を取り、各除去剤に印刷してある注意書きにつねにしたがえば、除去剤を使用することは危険ではない。

- 戸外で作業をするか、換気をじゅうぶんにおこなった作業場で作業をする。
- フェイスマスクか防塵マスクを身につけ、害のあるガスから自分自身を守る。
- 害のある除去剤を扱う際は、防護手袋、ゴーグル、古い服を身につける。
- 作業台と床をポリエチレンシートか新聞紙で覆う。
- 地元の関係機関に、残った有害物質の最適な処分方法を問い合わせる。

除去剤を使う

　メーカーが特定の除去剤に対して他の方法を勧めていない限り、下記の方法がどんな種類のペイントあるいはニス除去剤に適応できると考えて差し支えない。作業所の準備をして、除去剤を浅皿に注ぎ、使用する古いハケを選ぼう。

1　除去剤を塗る

　仕上げ除去剤を作品にまんべんなくハケで塗る。木彫や成型加工物には点を描くようにずらしながら塗っていく。ニスやペイントのなかには反応が遅いものもあるが、しだいに表面が縮み始める。

　10〜15分したら、小面積はぎとってみて仕上げ剤が木部まで軟らかくなっているかどうかたしかめる。仕上げ剤の下側の皮膜がまだ硬ければ、さらに除去剤を塗って、部分的に軟化した層にふたたび点を描くように塗っておこう。

2　表面をこそげとる

　さらに数分おいて除去剤を浸透させてから、軟らかくなった仕上げ剤を幅広のペイント用スクレーパーで木材からこそげ、厚い新聞紙のたばでふき取る。浮きでた仕上げ剤をくるむように新聞紙を折ってから戸外に置いて乾かし、廃棄に備えておこう。

塗装補修

3　不規則な表面をきれいにする

　鉤状ナイフを使用して成型加工物から仕上げ剤をこそげ落とし、細かなスチールウールでこすって残っている仕上げ剤をきれいにし、スチールウールが目づまりを起こさないように裏返す。オークには研磨ナイロンパッドを使って、軟らかくなったペイントやニスを旋削された脚や軸から拭きとる。短いだぼをとがらせて、彫りの深い部分やきつい角度のものから溶剤やペイントを掻きだそう。

4　作品を洗う

　新しい除去剤に浸して丸めたスチールウールかナイロンパッドで木材をこすり、木目から仕上げ剤を残さず取り去る。木製品を水かホワイトスピリットでじゅうぶんに洗い、乾くまで置く。

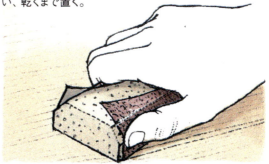

5　磨き、シーリングする

　木材を軽く研磨して浮かせた木目を(19ページを参照)を取り去る。作品の履歴がわからなければ、新しい仕上げ剤にシリコンオイルが汚染する危険が起きないよう、サンディングシーラー(26ページを参照)をしっかり塗る。サンディングシーラーが仕上げ剤の清澄さに影響する不安があれば、木材を透明のセラックポリッシュの皮膜で覆うとよい。

小さな部分をはがす

　木材のごく小さな部分だけむきだしにすれば済むのは、黒っぽい汚れを漂白する場合で（30ページを参照）、作品全体の仕上げ剤をはがす必要はない。オリジナルの仕上げ剤をできるだけ簡単に同定する作業として、テーブルの天板、抽斗の前板、サイドパネルのようにはっきりしとした箇所をはがす。はがしたい部分が水平になるように部材を置き、より扱いやすくするためにジェル状の除去剤を使用する。

　仕上げ剤が何か確定できたら（28ページを参照）、その溶剤を使って軟化させ取り除くことができる。比較的おだやかな方法なので、目的にあった溶剤を使うことで、はぎとる面積を最小限に抑えることができる。しかし、それ以上に仕上げ剤との色合わせが重要だが、溶剤の性質によっては取り扱いが難しくなる場合がある。

工業的除去

　時間と手間を節約するために、大きな作品はプロにまかせて仕上げ剤を除去してもらうことを考えよう。工業用の除去タンクでほとんどの家具や建具の仕上げ剤除去ができ、多くの企業が集配を請け負ってくれるだろう。

熱した苛性ソーダに浸す

　もっとも経済的な方法で、作品を熱した苛性ソーダに浸し、じゅうぶんに水をホースでかけて、薬剤を木材から洗い流す。仕上げ剤の除去にはもっとも有効な方法だが、古い家具を頼む前にはじゅうぶん検討すること。結局のところ、木材で作られている製品にはとても過酷な処理であることに、まちがいないからだ。熱と水にさらすと木材の膨潤収縮はかなり激しく、接ぎ手の緩み、部材の反り、パネルの割れが生じることもままある。さらに、目違いや染みも覚悟しなければならない。この場合、動物性ニカワも軟らかくなるため、単板の部材にふくれが生じることもあるし、層がはがれてしまうことさえある。

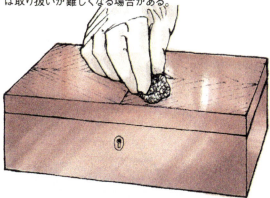

フレンチポリッシュを取り除く

　変性アルコールを浅皿に注ぎ、細かなスチールウールを小さく丸めたものを浸す。軟らかくなってくるまで、仕上げ剤をやさしくこすり、布パッドで拭きとる。

　変性アルコールが付近に流れる恐れがある場合は、布パッドに変性アルコールを湿らせ、表面を濡らして使う。それから乾いたスチールウールか研磨ナイロンパッドでやさしく磨く。

低温薬剤に浸す

　企業によっては、むく材に与える影響が少ない低温薬剤浸漬を扱っているところもあるが、苛性ソーダ法に比べると割高だ。ある程度の目違いは覚悟しなければならず、企業が安全を保証しない限り、単板貼り製品を頼むのは賢いやり方とは言えない。

温めたアルカリ液に浸す

　温めたアルカリ液に数分だけ浸す方法もある。じゅうぶん注意して行えば合板も含めた木質ボード全般に使用できる方法だが、やはり単板貼り家具を頼む前にはしっかり詳細を訊ねたほうがよい。

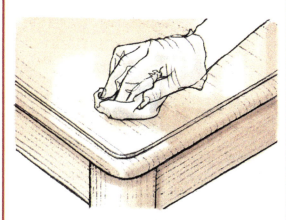

ワックスポリッシュをはがす

　同様の方法で、ワックスポリッシュの1部をホワイトスピリットを使って、作品から取り除くことができる。

熱風ではがす

オイルベースの仕上げ剤は熱して、じゅうぶん軟らかくしてから木材からはがすことができる。従来のトーチランプの使用はやや危険がある。使い慣れるまでは、少しの油断で木材を焦がしてしまうからだ。しかし、少々経験を積めば、電動の熱風除去器ならば誰でも大きな作りつけ家具や建具から塗料を取り除くことができるようになる。現在の除去器は軽量で、さまざまなノズルが揃っており、扱いやすく長期間の使用に耐える。

3　表面をきれいにする

溝のある木目の孔から塗料をすべてこそげとることは、不可能だとわかるかもしれない。作品をふたたび塗装する予定ならば、問題にはならない。どんな汚れも充填して、軽く木材を磨きプライマーを塗ればよい。クリア仕上げをする場合は、ペイント除去剤に浸したスチールウールか研磨ナイロンパッドで木目をきれいにして、それから木材を洗い、シーラーを塗る(33ページを参照)。

1　仕上げ剤を軟化させる

除去器のノズルを作品表面から50mmほどの距離を保ち、トリガーを引いて、塗料が泡だち始め木材から浮いてくるまで、ゆっくりと左右に動かす。

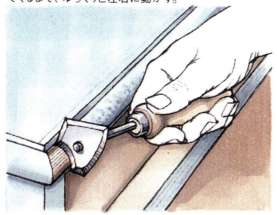

2　軟化したペイントをこそぐ

仕上げ剤が軟化したらただちに除去器のスイッチを切り、装飾用スクレーパーを使って木材から塗料をはがす。成型加工物部分では、鉤状ナイフで軟化した塗料をはがす。刃先で木材をえぐらないように注意しよう。

機械による除去

どんな場合でも木材を研磨する必要はあるので、サンダーで仕上げ剤を取り除く方法は実用的に思えるだろう。しかし、実際は木材によっては削りすぎを避けることが不可能で、埃が危険なほど発生し、とても粗い研磨材でない限りあっという間に目づまりを起こしてしまう。加えて、手作業での研磨がどちらにしても必要となる。

キャビネットスクレーパーは埃の発生が少なくずっと扱いやすいが、そうは言っても大きな製品から仕上げ剤を取り除く作業は、とても骨が折れることだろう。スクレーパーがその力を発揮するのは、木材を修理するためにほんの1部の仕上げ剤を取り除きたい場合だ。とくに周辺に水分、熱、除去剤から守りたい部分がある際には使いやすい工具である。

虫害に対処する

ファーニチュアビートル、別名キクイムシのほうが知られている害虫はどんな木工作品も住まいにするから、中古家具市場の繁栄はすなわち、虫食い家具がどこにあってもおかしくないということだ。穿孔虫を駆除しない限り、虫害にあった古い家具を再仕上げしても何の意味もない。

この被害は幼虫が3～4年のあいだ木材の奥深くに潜伏する結果引き起こされる。しかし、最初の虫害の徴候は、木材の表面に現れる数個の丸い脱出口であることがほとんどだ。これは成虫が現れた跡で、その後成虫はどこかに卵を産み付ける。

1 脱出口に薬剤を注入する

虫害にあった木材内部は、おそらくトンネル同士がつながって蜂の巣状になっている。脱出口ひとつひとつに、約50mm深さまで防虫剤を注入しよう。防虫剤は使いやすいように、先のとがったノズル付きの缶か、細いプラスチックのホースがついたスプレー缶が販売されている。圧力のために、他の脱出口から防虫剤が吹きだしてくることがあるので、つねに目を守ることを意識しておこう。

虫害の程度を調べる

キクイムシが発生しても、木材が構造的にまだ健全でさえあれば、ほとんどが対処可能だ。まず、ナイフの刃先を使って、あきらかな虫害の跡のある周辺をつついてみる。押しただけで木材がくずれるようであれば、その部材は修理か取りかえの必要がある。木材が強固のようであれば、残っている幼虫を駆除し、さらなる虫害を防ぐための防虫剤で対処する。

2 白木を処理する

幼虫がどの程度潜伏しているか知ることは不可能なので、皿に防虫剤を注ぎ、仕上げ処理をしていない表面にはすべて塗っておこう。防虫剤はいやなにおいがするので、できれば戸外で作業をしてフェイスマスクを着用することだ。作品が乾くまで放置し、それから2度塗りをする。2度塗りした防虫剤が乾いたら、好みの仕上げ剤を塗ることができる。

キクイムシを探る

研磨された表面に脱出口が見つかっても、キクイムシは処理されていない木材に卵を産むことがあるので、虫害の徴候は絶えず確かめること。たとえば、抽斗を引きだして全面を調べる。底板も忘れないようにしよう。同様に、キャビネットの裏やテーブルやサイドボードの下側も確かめる。薄い色の脱出口と細かな木粉の跡が見つかったら、それは虫害の証拠だ。

手に入れた中古家具が、すでに虫害に対して処理されている可能性もある。しかし、少しでも疑いがあれば、自分で処理しておくのが賢明だ。

3 磨いた部分を処理する

磨いた表面に防虫剤を塗っても意味がない。木材に浸透しないからだ。さらなる虫害に備えるために、古い仕上げの表面には殺虫剤となるポリッシュを塗っておこう。脱出口は色つきワックススティック（11ページを参照）で埋める。

Chapter 3　着色

木材に人工的に着色する
という考えは、
すでにこれだけさまざまな
木材があるのだから
不要に思えるかもしれない。
しかし、着色すると
特定の作品の自然の色に
深みが増し、
微妙に異なる色合いと
トーンの木材を
統合することもできる。

COLOURING WOOD

木材を漂白する

木工作業者は汚れを消すために漂白の力を借りることがたびたびある。この場合、シュウ酸溶液（30ページを参照）のように、比較的おだやかな漂白剤を使うべきである。しかし、木工作品の色を薄くすることが望ましい場合もあり、異なる樹種に似るよう着色したり、色を重ねて同じ色を作ることもあるだろう。木材の色を劇的に変えるためには、強い特性の2種類からなる漂白剤が必要だ。このタイプは通常キットとして販売されており、はっきりと表示されたプラスチックボトルに、片方はアルカリ、もう片方は過酸化水素が入っている。しかし、単にA剤、B剤、あるいは1剤、2剤とラベルが貼ってあることが普通だ。

漂白剤の効果をためす

木材によって漂白剤の効果が異なるので、実際に作業をしたい作品を処理する前に見本でテストをしてみるといい。おおまかな目安として、アッシュ、ビーチ、エルム、シカモアは漂白が簡単で、一方、マホガニー、ローズウッド、オーク、パダックといった木材は望みの色にするには2度の漂白が必要だろう。

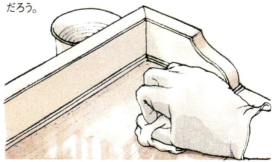

3　漂白剤を中和する

漂白剤が乾いたら、あるいは着色の準備ができたらすぐに、1パイント（約0.57ℓ）の水に対し、ティースプーン1杯のホワイトビネガーを入れた弱い酢酸溶液で木工作品を洗い、漂白剤を中和する。作品は約3日間そのまま置いて、目違いしている表面を研磨し、仕上げ剤を塗る。

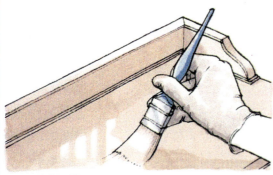

1　A液を塗る

A液をガラスかプラスチック製の容器に注ぎ、白い繊維かナイロンのハケを使って、作品に均等に塗布する。周辺の表面には飛沫がつかないように注意し、垂直面に塗る必要がある場合は、表面に縞が走ることを避けるため、底から塗り始めよう。

2　B液を塗る

5～10分し、木材の色が暗くなってきた頃に、別のハケで第2の液を塗る。化学反応が起こり、木材の表面が泡立つ。

安全のための注意

木工漂白剤は危険物質だ。じゅうぶんな注意を払って扱い、子どもの手の届かない暗所に保管すること。

- 防護手袋、ゴーグル、エプロンを着用する。

- 漂白した木材を研磨する際はフェイスマスクを着用する。

- 作業所を換気するか、戸外で作業する。

- 漂白剤が飛んだときにただちに肌から洗い流せるよう、すぐ水が使用できるようにしておく。戸外で作業をする場合は、バケツに水を用意しておく。

- 目に漂白剤が入った際は、流水でじゅうぶんに洗い、医師の診断を仰ぐこと。

- 木材の上以外で、決して2つの溶液を混ぜないこと。それぞれの溶液にはつねに違うハケを利用する。使用しなかった漂白剤は廃棄する。

木材をライミングする

厳密に言えば、ライミングは木材の色を実際に変えるものではないが、ひらいた孔を特殊な白色ワックスで埋めるために、木材の見た目が劇的に変化する。ライミングワックスはワックスと顔料を混ぜたもので、木工仕上げ用品を扱っているほとんどの店で入手可能だ。

木工作品を準備し、なめらかに研磨して、ホワイトスピリットで湿らせた布で表面を拭き、油分の跡を取り除く。

着色

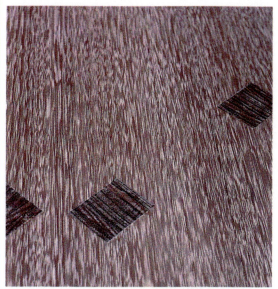
ライミングワックスが大きなひらいた孔を目立たせている

1 木目を広げる
ブロンズワイヤーブラシをつかって、木目の方向に木材をこすり、孔をきれいにする。ときおり作業面を見渡して進み具合をたしかめ、表面をまんべんなく均等に処理できているか確認すること。タックラグで表面からごみを拭きとる。

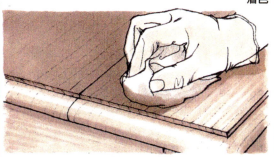

2 コントラストのために木材に塗料を塗る
ライミングの効果はワックスと木材の色とのコントラストが重要なので、まず木材に着色するとよいことも多い。水性塗料を使い、透明のセラックポリッシュ（53ページを参照）を塗って色をシールする。シーラーが乾燥したら、表面を研磨ナイロンパッドでなめらかにする。

3 ライミングワックスを塗る
麻布のパッドをライミングワックスに浸し、木工作品に塗って、円を描くようになでながら、孔に押しこんでいく。表面をまんべんなく作業したら、木目と垂直に拭いて、余分なワックスを取り除く。10分ほどしたら柔らかい布パッドをもちいて、表面を木目の方向へやさしくつや出しする。

4 作業の仕上げをする
ライミングワックスが固まるように24時間放置し、通常のペースト状のワックスポリッシュ（91ページを参照）で木材の色を豊かにする。

ライミングワックスには、ニスや低温硬化ラッカーの適切な定着を妨げる性質がある。こうした仕上げ剤を使用したいのであれば、上記に示した方法にしたがおう。ただし、ライミングワックスの替わりに白い装飾用下塗りを使う。塗料を孔に塗りこんだら、ホワイトスピリットで軽く湿らせたペーパータオルを使って、表面をぬぐおう。

化学染色

　オークなどのタンニンを豊富に含んだ木材をアンモニア蒸気にいぶして着色することは、かつてはごくありふれた方法だった。さらす時間に応じて、蒸気はオークを薄いはちみつ色から深みのあるゴールドがかった茶色へと変化させる。その色は均等で永遠に続くものであり、しかも木目が目立たなくなることがない。新しい木工作品を組み立てる前にくん煙するか、大きさによっては完成品をくん煙するか判断が必要になる。

　くん煙はきずを充填する前におこなう。木工用パテやめばり剤はアンモニア蒸気に影響を受けないからだ。さらに重要な点は、木材に接している鋼鉄類が黒い染みを生じさせることだ。ねじ頭は決してさらさないようにして、くん煙後まで金物の取りつけは避けよう。

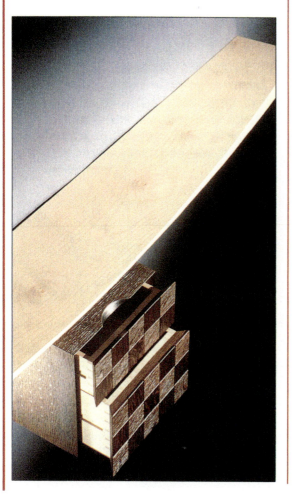

くん煙し、ライミングしたヨーロピアンオークの飾りたんす。(上)

キャビネットの細部。くん煙したオークと自然のままのオークを組み合わせている(下)

シカモアのユニット家具。くん煙したオークの引き出しがついている(左)

アンモニアを手に入れる

通常の家庭用アンモニアをつかって木材をくん煙することはできるが、比較的時間がかかる。さらに早く仕上げたいならば、薬局で購入できる26%のアンモニア、これは別名"880"として知られるものを使用するとよい。安全のために、強力なアンモニア溶液を扱っているあいだは防護手袋と防塵マスクを身につけ、できれば戸外で作業しよう。

くん煙テントを作り使用する

アンモニア蒸気を逃さないために、適当な木材の骨組みで木工作品をかこみ、黒いビニールシートをかぶせる。複数の部材をくん煙するのであれば、木表を上にしてピラミッド形の木材のくさびで支え、接触面を最小限に押さえる。アンモニアを入れた浅皿を防臭テント内に置き、すべてのつなぎ目を粘着テープでふさぎ、空気がもれないようにする。オークは24時間ほどさらすと、中ぐらいの濃い色に変化するが、ときおり変化状況をたしかめて、目的の色よりわずかに薄い色へ変化したところで、木工作品を取りだそう。テントから取りだしてしばらくは、色が変化し続けるからだ。

エボニーのように着色する

木材に含まれるタンニンは、色を黒に変化させるためにも利用される。これはエボナイジングとして知られる手法だ。昔から鉄片を酢酸溶液に1週間ほど浸したものでおこなわれてきた。

作品をエボニーのように着色する

さびのないスチール釘を一握りホワイトビネガーに1週間ほど入れておく。この液を木材にまんべんなく均等に塗る。異なるトーンを出すには、水で希釈してみよう。木材を乾燥させ、アンモニアを少々こすりつけ、酢酸を中和させる。そうしてふたたび作品を乾かしてから、シーラーを塗る。

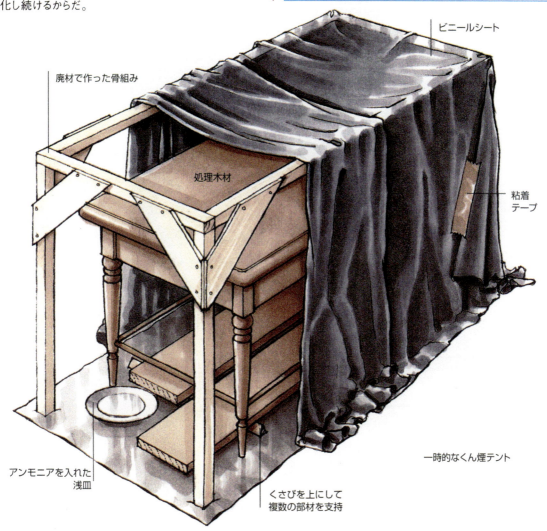

- ビニールシート
- 廃材で作った骨組み
- 処理木材
- 粘着テープ
- アンモニアを入れた浅皿
- くさびを上にして複数の部材を支持
- 一時的なくん煙テント

木材を染色する

　木材への透過性染色は、基本的にペイントやニスといった表面仕上げとは異なるものだ。比較的厚みのある顔料の層で表面に着色するペイントは、着色と同時に木工作品を保護しながらコーティングしているし、クリアニスはそもそも顔料のないペイントである。本物の透過性染色、つまりステインは木材に染みこみ、繊維の奥深くまで色をつける。しかし、保護の役割はまったく果たさないものであるから、染色した木工作品にはその後必ずクリア仕上げをおこなう。

　現代のステインは半透明の顔料を含んでいることも多く、これが木材の孔に入りこみ、木目を強調する。しかし、徹底的に試してみなければ、どの市販のステインが顔料を含んでいるのか知ることは困難だろう。メーカーは数多くのステインを生産しているが、特別な色を作りだす顔料を含んでいるのはその1部だけだからだ。顔料入りのステインを繰りかえし塗るとしだいに木材は暗くなっていくが、一方、顔料の入っていないステインを何度重ねても、色はほとんど変化しない。

1　油溶性ステイン、あるいはオイルステイン
2　アクリル性ステイン
3　変性アルコール
4　調合済み水性ステイン
5　ホワイトスピリット
6　調合済みアルコールステイン
7　濃縮水性ステイン
8　粉末状水性ステイン

油溶性ステイン、あるいはオイルステイン

もっとも広く使われている浸透性ステインで、油溶性の染料をホワイトスピリットで希釈したものである。油溶性ステイン、あるいはオイルステインとして知られているこの木工染色剤は簡単に均等に塗ることができ、木目を目立たせず比較的すぐに乾燥する。オイルステインには木材に似せたさまざまな色があり、混ぜあわせて中間の色を作りだすこともできる。オイルステインのなかには、透明の顔料を含んでいて褪色しにくいものもある。

アルコールステイン

昔からあるアルコールステインは、アニリン染料を変性アルコールに溶かして作ったものだ。アルコールステインのおもな欠点は、乾燥時間が極端に早いことで、均等な塗りが難しく、色を重ねると黒っぽい部分が残ってしまうことだ。メーカーのなかには調合済みのステインを供給しているところもあり、他に粉末状のステインもあって、これは自分で変性アルコールと少量の薄めたセラックを結合剤として混ぜて使うものだ。凝縮粉末状ステインは限られた濃い色しかないが、おもにフレンチポリッシュの色付けに使用される。

水溶性ステイン

水溶性ステインは市販の木工染色剤として専門店で手に入る。結晶や粉末の形状でも販売されており、湯に溶かして好きな色を混ぜることができる。水溶性ステインは乾きが遅いため、均等な塗りをおこなう時間がたっぷりあるが、仕上げ剤を塗る前に、水分が完全に蒸発するまでかなりの時間待たなければならない。目違いを起こし、粗い表面を残すため、水溶性ステインを塗る前には、木材を濡らして研磨することが必要不可欠だ（20ページを参照）。

アクリル性ステイン

水溶性ステインの新しい世代の製品。アクリル樹脂をベースにしたもので、木材表面に色の皮膜を残す乳濁液である。従来の水溶性ステインより目違いを起こす割合が低く、褪色しにくい。通常の木材に似た色だけでなく、アクリル性ステインはさまざまなパステルカラーも揃っている。しかし、こうしたパステルカラーを黒っぽい広葉樹材に重ねた場合、最終的にどんな色になるのか予想はむずかしい。すべてのアクリル性ステインは、密度の濃い広葉樹材に使用する際は約10％に薄めて使う。

親和性

親和性のあるステイン、あるいは染料を混ぜあわせれば、事実上どんな色でも作りだせるし、適切な溶剤を加えれば色の強みを押さえることもできる。しかし、浸透性のステインの重ねすぎには注意が必要だ。表面仕上げに似たような溶剤が含まれている場合は、乾かした後でも危険だ。ハケやパッドで表面を塗ったときに、この溶剤が色に反応して表面仕上げに"にじみ"が生じてしまう。

原則として、使いたい仕上げ剤に反応しないステインを選ぶか、まずステインにめばりをして溶剤が色を台無しにしないようにする。ステインにしろ仕上げ剤にしろ、作品に塗る前に、つねにまず試し塗りをすることにしよう。

油溶性ステイン

オイルステインはまずセラックかサンディングシーラーでめばりをしてから、ホワイトスピリット、テレビン、シンナーで薄めたニス、ラッカー、ワックスポリッシュを塗る。

アルコールステイン

アルコールステインはフレンチポリッシュ以外なら、どんな仕上げ剤の前にも使える。ステインを塗った表面が完全に乾いたら、清潔な布でやさしく拭いてから、仕上げ剤を塗ろう。

水溶性ステインとアクリル性ステイン

水で薄めたステインは48時間乾燥させてから、溶剤ベースの仕上げ剤を重ねよう。蒸発しきっていない水分が少しでも残っていると、仕上げ剤が白っぽく濁る。乾いた水溶性ステインは水溶性の仕上げ剤には反応しないはずだが、仕上げ剤を塗る前には目立たない場所でつねに確認してみるように。

水溶性ステインを塗る前に目違いに対する処理を忘れた場合は（20ページを参照）、ステインを塗った表面を220砥粒の研磨紙でごく軽くこすり、仕上げ剤の前にタックラグで埃を取る。

浸透性ステインを塗る

表面を濡らしてみると、特定の木工作品がクリア仕上げ後にどんな見た目になるかだいたい予想がつく。それでも疑問に思えば、使用しようと考えている仕上げ剤を実際に少し塗ってみるといい。色の深みに満足できなかったり、他の部材に合わないと思えば、同じ木材の端材を準備して、作品そのものに着色する前にステインの試し塗り用板にするとよい（むかいページを参照）。

染色の準備

前もって作業の流れを計画し、乾く前に、ステインが周辺や乾燥中の色の部分に流れる危険を最小限に抑える。作品の両面に着色するのであれば、より重要性の低い面から先にステインを塗り、端をこえて染料が流れていったらただちに拭きとるようにする。

塗布用具

浸透性のステインを塗るには、品質のよい絵画用ブラシ、モヘアで覆った装飾用ペイントパッド、摩耗防止つや出しパッド（17ページを参照）、あるいは柔らかい布を丸めたものを使用する。適切な設備（83ページを参照）さえあれば、木工染料はスプレーしてもよい。木材にステインを塗る際は、ポリ塩化ビニールの手袋、古い衣類あるいはエプロンを着用しよう。

大きなパネルを染色する

できれば、染色する面が水平になるよう作品を設置する。大きなパネルやドアを組みになった馬に載せ、どの面からも作品に近づけるようにする。

部材加工

組み立てる前に部材を染色をすると便利なこともある。製品を仕上げていくあいだ、部材は置いて乾燥させればよいからだ。

たとえば、調節可能な書棚を着色する際は、図のように釘かねじを両端に打つ。作業台に置いた小割板に釘の部分を載せ、表面が浮くようにする。ひっくり返して両面にステインを塗り、釘のついた端を下にして壁に立てかけステインが乾くまで置くといい。

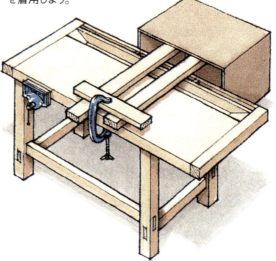

引き出しやキャビネットを支える

引き出しや小さなキャビネットの内側をステインしたら、仕事を完成させるため作業しやすい高さに支える。小割板を片持ち梁式に使って、作業台にクランプ留めするか、一時的に釘を打つとよい。

木工作品に染色する調整をする

じゅうぶんに作品を研磨し（19〜24ページを参照）、周辺よりも余計にステインを吸収するようなひっかききずや欠点がないことを確認。さらに、ステイン吸収を妨げる乾いた接着剤の跡があれば、こそぎとること。

平らな表面を染色する

浅皿に作品全体に着色できるだけのステインを注ぐ。木目の方向にステインをハケやパッドで塗り、ステインが乾燥する前に湿った端面にも塗る。表面が終わったら清潔な布パッドを手にして、余分なステインを拭きとりつつ、作品全体に均等に行き渡るようにする。木材にステインが飛び散ったら、汚れに見えないようにすぐさまならす。

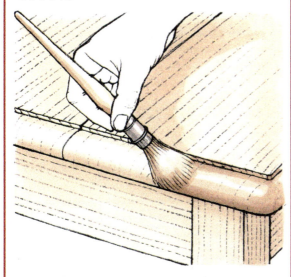

木口を染色する

むき出しになっている木口は他の部分よりも黒っぽく見える。細胞の方向が浸透性のステインを余計に吸収するからだ。木口にホワイトセラックかサンディングシーラーを重ねると、濃い色がだいぶ薄れて見えるようになる。あるいは薄めたニスを使ってもいいが、こちらを塗るとステインする前に24時間待たなければならない。

板に試し塗りする

木工作品に着色するために、使用予定のステインで木材がどんなふうに見えるか確認するためし塗り用の板を作ろう。この板は木工作品と同じようになめらかに研磨しておくことが大事だ。粗い研磨だと木材が余計にステインを吸収してしまい、目の細かいサンドペーパーをかけた木材よりも濃く見えてしまうからだ。

まず、ステインをひと塗りして乾かす。原則として、ステインは濡れているときよりも乾くと薄くなる。色がさらに濃くなるかどうか確かめるため、2度目の塗りをおこなう。最初に塗った箇所を1部分は残して、比較できるように。2度塗り以上に重ねると、ステインの吸収が不均等になって跡がつくだろう。

顔料を含まないステインを2度塗りしても、色は見た目にわかるほど変化しないだろうが、異なる色のステインを重ねると変化させることができる。

ステインが完全に乾いたら、ためし塗り用板の半分に、予定の仕上げ剤を塗ってみて、ステインの色にどう影響するか確かめよう。

試し塗り用板
顔料入りステイン使用

試し塗り用板
顔料なしステイン使用

単板に着色する

現代の単板貼りパネルはむく材と同じように扱うことができる。しかし、古い家具は単板に水溶性の動物性ニカワをまちがいなく使っているため、そうした作品に着色する際は、アルコールステインかオイルステインを使用しよう。

単板のパッチ（15ページを参照）や接着前の象眼にもステインできる。ステインを入れた皿に単板の小片を浸して、均等に色づけするようにしよう。

木彫に染色する

柔らかなハケを使い、浸透性のステインを木彫や複雑な成型加工物に塗る。余分なステインは布やペーパータオルでただちに吸いとる。

旋削された棒に染色する

スピンドルに布か不織ナイロンパッドでステインを塗る。玉縁や縦溝の部分にもじゅうぶんにすり込み、それから塗り用具で棒や脚を包んで、長さ方向にこする。

旋削されたものは木口がむきだしになっているため、均等に塗ることはかなり難しい。

針葉樹材を染色する

針葉樹材には、絵画用ブラシではなく布パッドでステインを塗ったほうがよい。吸収率の高い木材なので、最初にブラシを置いた際にたっぷりステインが染みこむハケでは、余分なステインが付着しやすく、黒い色の跡を作ってしまうからだ。

早材と晩材に吸収率の差があるため、針葉樹材にステインするとはっきりとした縞が現れる。色によってはとても魅力的にもあるが、とくに縞を目立たせたくなかったら、ニスステインかステイニングワックス（むかいのページを参照）を使ってみよう。

針葉樹材。浸透性ステインで着色したもの（左）と、ニスステイン

染色の仕上げ剤

　製品によっては、木材への着色と保護仕上げが同時にできるものがある。色付仕上げに浸透性の木材染料と同等の清澄さはない。木材の表面に留まり、木目をぼかしがちな仕上げ剤が多いからだ。ニスステインと保護的な木工ステインは木材にブラシで塗る。ワックスを染色するとワックスポリッシュと同様に扱える（92〜93ページを参照）。

ワックスを染色する

　白木に直接使用できる色つきワックスポリッシュは数多く出まわっているが、浸透性の木材染料ほどの色の深みはない。主な長所は、仕上げをした作品の色を変化させ、色褪せた部分をぼかせることだ。

　色つきワックスは作品に塗ったときより、缶に入った状態のほうがずっと黒っぽく見える。たとえばパイン材に深く豊かな色を加えてくれるこげ茶色のものでさえ、木目がぼやけることはない。

保護的木工ステイン

　保護的木工ステインは屋外建具用の半透明仕上げ剤だ。水蒸気を透過できるので、ひどい天候状態の時は木材を保護する一方で、水分を蒸発させることができる。つまり、保護的ステインは、はがれにくく、ひび割れに耐性のある長期間もつ仕上げ剤となっている。

　保護的木工ステインの大多数は色つきだが、すでに着色されている木材の色を変えずに補修できるクリアなものも数多くある。保護的木工ステインには、水溶性のものも油溶性のものもあり、1度塗り専用のものもある。水溶性ステインは濡れた部材、あるいは湿気の多い天候時に塗ると、適切に乾燥しないこともある。

ニスステイン

　ニスステインは基本的にポリウレタンあるいはアルカリ性のニスで、透過性顔料、あるいは油溶性の染料の形で着色剤が含まれている。すでにニスが塗られた冴えない木工作品にふたたび色を塗る際に理想的だ。色付ニスは強固な仕上げ剤だが、色の層の下に薄い木材が見えてしまう。クリアニスを重ねてひっかききずやひどい摩耗から保護しよう。ニスステインは縞状になることを避けるため、均等にブラシで塗ること。

屋外用の木材ステインは、針葉樹材に保護と色を与えてくれる

色を調整する

色の判断をどれだけ訓練しても、乾いたステインが思ったような色ではなかった事態に遭遇することは避けられない。もし暗すぎる場合は、いくらかステインを塗って押さえることもできるが、染料を重ねて色を変えようとするのは間違っている——こうすると、色がにごったり、仕上げに変な粘着性が出るだけだ。替わりに、色つき仕上げ剤を塗って、徐々に色を変化させよう。

色を取り去る

油溶性のステインを塗った木工作品が、乾くと縞になっていたり、色調が暗くなっていた場合は、表面をホワイトスピリットで濡らし、研磨ナイロンパッドでこする。表面を布で拭くと、ステインをいくらか浮きあがらせ、残りのステインがいくらか均等にならされる。この段階になると、木材がまだ湿っているあいだなら、ほかのより色の薄いステインを塗って色を変更できる。

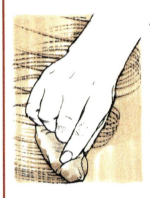

色つきセラックを重ねる

木材をフレンチポリッシュで仕上げるのならば、変性アルコールに粉末状のステインを少々溶かし、薄いセラック（58ページを参照）を加える。色つきセラックを塗り、乾かす。セラックを加えながら、色をアルコール性ステインで調整し、望みの色にする。

色つきニスを重ねる

作品にニスを塗るつもりであれば、色つきセラックをシーラーとするといい。あるいは、薄めたニスステインを使うか、薄めた木材染料をクリアニスに加える。薄く皮膜を張って、徐々に望みの色にしていき、最後に薄めないニスで保護膜を作ろう。

ワックスで色調を変える

色合わせがまだ完璧でなかったら、最終手段として、色つきステインワックスを加えてみることもできる。研磨ナイロンパッドかとても目の細かいスチールウールを使って、木目方向にワックスをこすり、柔らかな布でサテン仕上げにしよう。

成型加工物や木彫を強調する

木工作品に色を使って木彫や複雑な成型加工物に深みを加え、生き生きとさせることが可能だ。天然の損耗の効果を真似る方法で、かなりの量を加えて、アンティーク家具や復元家具、絵画の額縁などに使用できる。

ハイライト

突きでた部分から色をぬぐうもっとも単純な方法は、ステインが濡れている間におこなうことだ。あるいは、ステインが乾いてから研磨パッドで軽くその部分をサンディングし、溶剤に湿らせた布を使って埃を流すといい。

陰影をつける

もっとも複雑で浮かびあがった模様に、希釈したフレンチポリッシュ（左を参照）に黒っぽいステインを混ぜたものを使用して深みを加えることができる。ステインを塗った表面をめばりして、色つきセラックで彫られ割り型になった部分に均等に色をつける。奥まった部分や溝のあいだにはあふれるようにつけよう。そしてすぐさま突き出た部分から柔らかい布を使用して色をぬぐう。セラックが乾燥したら、クリア仕上げ剤を塗ろう。

Chapter 4
フレンチポリッシュ

フレンチポリッシュは、研磨用の磨き用具として知られるやわらかい布パッドを用いて、変性アルコールで溶かしたセラックを塗る伝統的な方法だ。もしそれほどお金をかけずにアンティークな家具を再生したいなら、修得すべき基本的な技術だ。なぜならビクトリア王朝時代、それは現代のポリウレタン塗装と同じくらい一般的な方法だったからだ。

セラック製品

フレンチポリッシュの原料セラックは、インドと極東に生息する昆虫のラシファーラッカに由来している。ラックカイガラムシの幼虫は、防御目的の樹脂を分泌して、餌にしている小枝や大枝にぶ厚い層を作る。この虫のついた枝を他の宿木にふさわしいものに挿し木することで、さらに増やせる。そして、枝が重いラック樹枝で覆われると、スティックラックとして"収穫"され、セラックポリッシュを含むさまざまな製品へと加工されるのだ。

用品質の樹脂を作るために選別する。

選別したシードラックはキャンバス地の細長い袋に詰めて、炭火の前に吊す。樹脂が溶けたら袋をねじって、キャンバス地の隙間から溶けたセラックを絞りだす。セラックは熱湯で満たした円柱形のセラミック容器に落下し、そこでなめらかになって均等な厚さとなる。円筒から柔らかなセラックのシートをはがし、熟練した職人が手足、あるいは歯まで使って火の前で伸ばす。熱から遠ざけるとセラックは急激に冷え、これを砕いてフレーク状セラックとする。

手作りのセラック

セラック製品は大規模に機械化された工程から生まれるが、何百年と続いてきた伝統的な方法で作られたものが今なお世界のセラックのおよそ15％を占めている。

樹脂で覆われた小枝を叩き、こそいで、ラック樹脂を取り除くと、次には砕いてふるいにかけ、木材の破片と虫の残骸を取り除く。砕いた樹脂を水洗いして、すすぎ、広げて日光で乾かす。乾燥したら、ふたたびふるいにかけて、シードラックとして知られる商業

さまざまな種類の手作りセラックが、溶けたラックを冷たい石やトタンにしたたらせる方法で作られている。この方法でセラックは、直径50〜75mmのたいらなディスク状となる。この半透明のディスクは不純物が混ざっていないかどうか、光にかざして調べることができ、最高品質のボタンポリッシュとなる。ボタンラックもまた溶けたセラックを注ぐ方法で作られるが、こちらは鋳型を使用する。

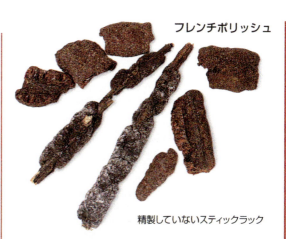

精製していないスティックラック

現代の製造方法

伝統的な方法が村単位ではいまでも採用されているが、現代の工場での生産方法はさまざまな質と色のフレーク状セラックを作りだしている。

シードラックは蒸気で熱し、じゅうぶんに柔らかくしてふるいにかけ、液圧プレスにかける。次にローラーに渡して、長く連続したセラックのシートとする。

あるいは、シードラックを工業用アルコールに溶かし、その溶剤をふるいにかけ、不純物を取りのぞく。溶剤を熱し、アルコールが蒸発して溶けたセラックをローラーに送る。

伸ばしたセラック。冷えたらフレーク状に砕く

1　工場製品のフレーク状ポリッシュ
現代の工場製品はとても細かいフレーク状のセラックである。

2　手作りのフレーク状ポリッシュ
伝統的な手作りのフレークは、比較的厚い。

3　スティックラック
小枝や大枝からこそいだ粗いラック樹脂。

4　シードラック
砕きつぶしたスティックラックは商業用のシードラックとなる。

5　ボタンラック
最高品質のセラックである半透明のディスク。

6　ブロンドのセラックフレーク
ほぼクリアなフレンチポリッシュ（53ページを参照）のためにワックス化されたフレーク。

7　漂白したセラック
商業目的の透明ポリッシュ（53ページを参照）のために製産されたワックス化した漂白済みのセラック。

フレンチポリッシュ

節止めとサンディングシーラー

セラックはフレンチポリッシュの基本材料であるだけでなく、シーラーとしても使用でき、表面仕上げの汚れを防ぐ効果的なバリアを形づくる。フレンチポリッシュやセラックベースのサンディングシーラーを塗ると、たとえば、木材の汚れがニスのトップコート（26ページを参照）と混ざることを防いでくれる。セラックはまた、速乾性の節止め剤にも使われており、節や木口に塗ると、そのままではペイントやニスにじんでしまう針葉樹剤の樹脂をシールできる。しかし、触媒のラッカーを使うつもりであれば、ワックス化したセラックだけをシーラーとして使うこと。

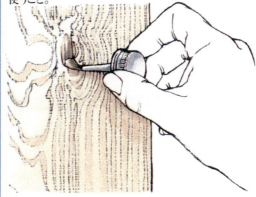

下塗りの前に、節止め剤を2度塗りする

既製品のポリッシュ

　フレーク状のセラックを購入して自分でポリッシュを作ることは可能だが、コストが最重要でない限りは、幅広く種類の揃った市販のセラックポリッシュを使用したほうがずっと便利である。

標準ポリッシュ

　ごく一般的な茶色をしたフレンチポリッシュは、オレンジ色のフレーク状セラックから製造される。すべての色の濃い広葉樹材のつや出しに、薄い色の樹種の色付けに適している。標準ポリッシュは、金物店、塗料専門店を含むほとんどの販売店で幅広く商品が展開されている。

フレンチポリッシュ。ガラスのような仕上がりは、品のある様式の家具に最適である

ホワイトポリッシュ

漂白したシードラックは白濁したさまざまなポリッシュ製造に使用され、色の薄い広葉樹材の仕上げや、ワックス前の木材の充填に理想的だ。標準のホワイトポリッシュでは軟らかすぎる場合、さらに硬い仕上げを作りだせる添加剤入りのものを購入するとよい。ホワイトポリッシュは約2年以上置くと、うまく定着しなくなる。

仕上げ前のマホガニー
マホガニーにボタンポリッシュ
マホガニーにガーネットポリッシュ
シカモアにホワイトポリッシュ

ポンドカット

"強さ"、つまりフレンチポリッシュの粘性は、セラックが1ガロンのアルコールにどれだけ溶けるかを基準に考えられている。これはアメリカ合衆国では"カット(セラックの溶解度)"と呼ばれている。この仕様はポリッシュがリットル単位で販売される場合でも使われている。たとえば、既製の3ポンドのカットは、30%のセラックを溶かすことができ、ほとんどの一般用途に適している。もっと薄い1ポンドのカットはシーラーにするほうが適している。しかし、実際には、ほとんどのポリッシュは3ポンドのカットをアルコールで希釈して使う。

透明のポリッシュ

セラックはアルコールに溶けないワックスを少量含んでいる。ホワイトポリッシュが白濁しているのは、このワックスがあるからだ。混ぜずに長時間置いたままにしておくと、この成分が分離してしまう。ワックスがとけ込んだ石油溶剤で漂白したセラックを洗うと、ほとんど透明なポリッシュは木の色の性質を変えないことになる。ホワイトポリッシュのように、透明なポリッシュは2年の保管が限度だ。

ボタンポリッシュ

ボタンポリッシュという用語は一般的に高品質のゴールドがかった茶色のセラックポリッシュを指している。ほとんどの既製のポリッシュは質のよいフレーク状セラックからできているが、メーカーの中には今でも、伝統的な手作りのボタンポリッシュをつや出しのために輸入しているところもある。

ワックス化したボタンポリッシュは"特別"あるいは"透明"ボタンポリッシュと呼ばれ、標準のものより硬い仕上げとなる。

ガーネットポリッシュ

深い赤茶色のフレンチポリッシュで、アンティーク修復家たちにおなじみだ。ときに、マホガニーや類似の木材を赤みがかった色にするために使用される。

エボニーポリッシュ

黒く染められるエボニーポリッシュは、典型的なフレンチポリッシュの光沢を与えてくるが、つけすぎると木目がぼやけてしまう。エボニーポリッシュは伝統的なピアノ仕上げだが、とても濃い色の木材のつや出しにも用いられる。

外装用フレンチポリッシュ

水にさらされるとすべてのフレンチポリッシュには白い染みが残るが、外装用の木工使用を目的として特別に考案された特殊な濃い色薄い色両用のポリッシュは別だ。

ブロンドセラック

シードラックを漂白すると特性が変化し、約3日間はアルコールに溶けなくなる。期間が短いため、漂白したセラックは既製のポリッシュとしてのみ販売されている(上、左を参照)。ほぼクリアなフレンチポリッシュを自分で作ることを好む作業者は、ワックス化したフレーク状のブロンドセラックを変性アルコールで溶かして使うとよい。

伝統的な
フレンチポリッシュ

　19世紀、仕上げ職人たちが完璧なセラック仕上げができなければ、職人と名乗ることなどできないと考えていた時代に、それほどマスターがむずかしいフレンチポリッシュがあれだけ人気のあった理由は想像しがたい。現代の私たちは、速乾性のニスや1度塗りの仕上げ剤に慣れているため、完璧に仕上げるには時間と忍耐を必要とする技術に取り組むだけの自信をなくしたように思える。フレンチポリッシュをあらゆる面で使いこなせるようになるには何年もの経験が必要だろうが、廃材や単板を使って基本技法を練習することで、ある程度手慣れた木工作業者ならば、まずまずの結果が出せるはずだ。

　ヴィクトリア朝の人々は、想像できるかぎりのあらゆる家具にフレンチポリッシュ仕上げをほどこしてきたわけだが、セラックは特別に硬い仕上げ剤ではない。繊細なサイドテーブル、裁縫箱、極上のサイドボードには完璧な仕上げだが、手荒く扱われ、つねに水、アルコール、熱にさらされるキッチンテーブルや調理台にはふさわしくない（30ページを参照）。

　使用を考えている木材の種類も、セラックが使えるかどうかに影響する。フレンチポリッシュはマホガニー、サテンウッド、ウォールナットのような、美しい杢のつまった木目をした広葉樹材に最適であるが、オークやアッシュといった粗い木目や一般の針葉樹材には不適切のようである。

ふさわしい環境を作る

　木工作品が何にしても清潔で埃のない環境が必要だが、フレンチポリッシュはとくに気温と湿度の変化に影響を受けやすい。つねに作業所を温かく乾燥させ、窓やドアから隙間風が入ってこないように。

　できれば、天然のあるいは人工の明かりがまっすぐに当たる場所に作業台を設置し、木工作品の表面を照らすようにする。こうして、フレンチポリッシュの具合を確認し、異物や埃が入りこめば、すぐさまわかるようにしておきたい。

研磨用布を作る

　長年に渡って仕上げ職人たちは、個々の好みや要求に見合うようフレンチポリッシュの技法を洗練させ、改良してきた。しかし、基本的な要素はいまでも変わらない——セラックを何日もかけて忍耐強く塗り、徐々に半透明な皮膜を作り、布に綿を巻いた研磨用布を使用するという点だ。

　まず、自分の手と磨きあげる面にふさわしいサイズの研磨用布を作る。下に記した寸法は一般用途の研磨用布だが、特殊な作業には小さめのものを用意してもいいだろう。

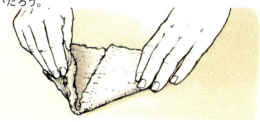

1　四角い詰め綿を折る

　内装業者が使用する詰め綿が、フレンチポリッシュの研磨用布には理想的な素材だ。150～225mmの四角に裂き、半分に折って、長方形の半分のところで三角形に折りたたむ。

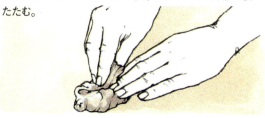

2　詰め綿を形づくる

　三角形の2つの角を中心にむけて折り、ざっとソーセージ状のパッドを作る。内装業者の詰め綿が入手できない場合は、医療用でない通常の綿を一片用意して、卵状につぶそう。

3　詰め綿を入れる

　詰め綿を225～300mmの四角の柔らかな綿かリネンの対角線上に置く。古いシーツや枕カバーを裂いた布は理想的だ。あるいは、大型の無地のハンカチを使ってもよい。

フレンチポリッシュ

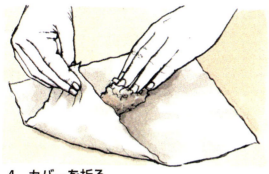

4　カバーを折る
角をもち、布地の半分で詰め綿の端を覆う。

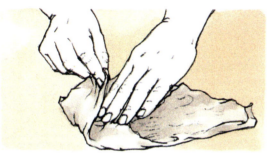

5　詰め綿を包む
片手で詰め綿を押さえ、残りの角を詰め綿にかぶせ、きっちりと包む。

6　余分な布をねじる
パッドの裾の布をねじって包んだ部分をしっかりと押さえ、しっぽの部分をパッド側に折り、手のひらで握りやすい形にする。

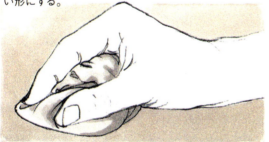

7　研磨用布をもつ
片手で研磨用布をもち、親指と人差し指でサイドをつまむようにする。図のようにもち、先端部分で狭い角にフレンチポリッシュを塗布できるようにする。研磨用布の底を走る折り目や縫い目がないようにすること。

8　研磨用布に含ませる
けっして、研磨用布をフレンチポリッシュに浸してはならないし、研磨用布の底に直接ポリッシュを注いでもならない。片手の手のひらに研磨用布をもち、そっと包みをほどく。そして詰め綿にセラックポリッシュを注ぎそっと絞って、じゅうぶんに、しかし完全に濡れてしまわないようにする。

9　研磨剤をしみ出させる
研磨用布をふたたび包み、底をたいらな面に押し当て、布から研磨剤がしみでてくるよう押しつける。余分な研磨剤は木工作品にあとを残すので絞りとる。廃材か厚紙、あるいは作業台の手前の横木でもいいので利用して。ただし、清潔で埃がついていないことは確認しておこう。研磨剤を使い切ったら、研磨用布は何度か交換することが必要だろう。

研磨用布を保管する

研磨用布を柔らかくしなやかなままで保管するには、空気の入らない瓶で保存することだ。研磨用布は数カ月もつが、布に穴が開いたらただちに処分し、研磨剤にきずをつけないようにすること。穴が開いたものでも、布に巻いていない詰め綿は通常"ウエス"とし、フレンチポリッシュの作品にシーリングするときに使用できる(56ページを参照)。

フレンチポリッシュを塗る

　伝統的な研磨は、急ぐことのできない技法だ。研磨剤が乾燥し固まる過程を何とか短縮しようとしても、結局は工程を早めるより遅らす問題を起こすことになってしまう。

　フレンチポリッシュは3つの段階からなっている。木材は何より重要な"すりこみ"の前段階としてめばりしなければならない。すりこみは満足いくまでポリッシュの層を作る作業だ。完成するには1週間ほどかかるだろう。そして最後に、変性アルコールで余分なオイルを取り除き、セラックで独特な輝く仕上げを与えてやる。必ずしも絶対ではないのだが、つや出しのあいだは手を清潔に保つため、使い捨て手袋を着用したほうがいい。

1　表面を調整する

　ほとんどの半透明の仕上げ剤と同じく、フレンチ研磨剤は木材表面にあるわずかなきずでも目立たせてしまうので、じゅうぶんに作品の調整をしておこう。目につくきずはすべて修理し、木材がなめらかになるまで研磨する（9〜25ページを参照）。必要ならば木材をステインで着色し（42〜46ページを参照）、目止め剤を塗る（26ページを参照）。あるいは、粗い木目にポリッシュを連続して塗りこんで目止めして、孔がセラックで埋まるまで炭化珪素紙でこする。

2　木材にシーラーを塗る

　プロの仕上げ職人はしばしば"ウエス"──中古の詰め綿──を使って、最初のシーラーとしてセラックポリッシュを塗るが、わずかに薄めたポリッシュを含めた新しく作った研磨用布でも、同様に使用できる。ポリッシュを長く重ね合わせる動きで、木目と平行に塗る。初めの段階では、研磨用布にごくわずかな圧力しかかけないことが必要だが、作業を進めるにしたがって、ポリッシュがしみ出るように研磨用布をわずかに絞る。小さなきずに気づいても、逆行はしないこと。作品の表面全体を覆いつくしたら、約1時間置いて、研磨剤を固まらせよう。

3　シーラーで磨く

　つやの出た表面を目の細かい炭化珪素紙でそっと研磨する。木目の方向のみにおこなうこと。最初のシーラーが均等でなかったら、ふたたび同様の研磨剤を塗ろう。

4　すりこむ

　研磨用布に薄めない研磨剤を含ませ、すりこみを始める。この段階のポイントは研磨用布を表面に接触させて動かし続けながら、底が研磨面にぴたりとつくことを避ける点だ。研磨用布を表面に動かしながら、小さく、重ねあわせるように円を描いていき、全体を終わらせる。そしてふたたび研磨用布を動かしていく。

フレンチポリッシュ

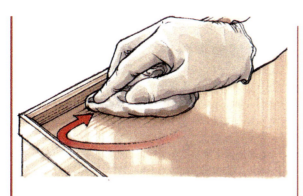

5　角をつや出しする

　フレンチポリッシュを塗るたびに、狭いあるいは内部の角も正しくつや出しされていることを確認しよう。ここが研磨用布の先端の使いどころである。人差し指を先端に置き、研磨用布を連続的な動きで角へと入れる。

6　潤滑剤を研磨用布につける

　作業が進んでくると、研磨用布が表面をうまく滑らないことに気づくだろう。これは変性アルコールでふたたび溶かした研磨剤が、固まり始めている印である。この"引き"が始まったらただちに研磨用布をなめらかにしよう。人差し指で、研磨用布の底に亜麻仁油を1滴にじませるといい。

7　さまざまな動きを組みあわせる

　研磨剤を均等に行き渡らせるため、表面を逆行する。次に8の字形を描くように動かし、さらに端にむかって確実に動かす。最後に、研磨剤を木目と平行に、まっすぐに重ねあわせるように塗る。約30分置いて研磨剤を乾かし、それから全行程を3度か4度、繰りかえす。作品は1晩置いて、研磨剤を固まらせよう。

8　磨く

　翌日、埃が入りこんでいたり他のきずがないかを調べ、必要ならば、自己潤滑の炭化珪素紙をもちいてごく軽く表面を研磨する。

9　研磨剤で保護層を作る

　ポリッシュをさらに厚く重ねて続け、表面を1日に3度か4度塗る。塗りのあいだは30分の間を置く。この作業を数日、色と見た目に満足がいくまで続ける。

10　オイルを取り除く

　研磨用布の下部に潤滑剤をつけると、つや出しした表面に縞が残る。研磨面からオイルを取り除き、表面を光沢仕上げするために、研磨用布に少々変性アルコールを加え、ほぼ乾く程度まで絞る。まっすぐ平行に作品に研磨用布を走らせ、徐々に力を込めていき、研磨用布が"引き"始めたら、作業の手を止めてポリッシュを固まらせる。この作業を縞が消えるまで2、3分置きに続ける。詰め綿を新しい布で包むと、オイル吸収に役立つだろう。30分ほどしたら表面を布で磨き、作品を約1週間置いて、研磨剤を完全に固まらせる。

高度な光沢が出るまでつや出しする

磨いた表面が満足いくまで光っていないときは、1週間してセラックが固まってからつや出しできる。どちらも深い輝きを生む極上の研磨剤だが、特殊目的のつや出しクリームか車塗装用のクリーナー（28ページを参照）を柔らかな布に湿らせて、勢いよく表面をこする。最後に、乾いた布で拭く。

半光沢仕上げを作りだす

高度な光沢が好みではない場合、新しくフレンチポリッシュ仕上げをした表面を、ワックスポリッシュに浸した000番手のスチールウールで傷つけることもできる。固まったフレンチポリッシュを木目に沿ってごくわずかにこすり、均等につやなしに見えるまで続ける。最後に布でやさしく磨こう。

木彫と成型加工物をつや出しする

研磨用布使用では、彫りの深い作品や複雑なモールディングのある作品をフレンチポリッシュすることは不可能だ。軽く希釈したセラックポリッシュを柔らかなリス毛のブラシで塗ろう。ポリッシュがなめらかに浮くように、しかし厚すぎないように注意しながら、自然に落ち着いていくまで待つ。重ね塗りすると、固まった研磨面にブラシの跡が残ってしまう。

研磨剤が固まったら、高度につや出しをする。変性アルコール（57ページを参照）を湿らせた研磨用布を使うが、強くこすりすぎないようにしよう。最後に布で磨く。

色を調整する

おそらくフレンチポリッシュ技法の頂点は、作業を進めながら仕上げの色を変化させる能力だろう。たいへん微妙なさじ加減を必要とするスキルで、経験からのみ習得できる技だ。

なぜ色を変化させることが必要か、それにはいくつもの理由がある。たとえば、古い家具を復元していると、部分的に色褪せた仕上げにする必要が生じることがある。あるいは、ある組み立て品の色合いに、新しくつや出しをしている部材の色を合わせたい場合もあるだろう。

研磨剤の層を重ねる途中で、時おり作品から離れてあらゆる角度、異なる照明で見た目を確かめながら、満足いくように進んでいるかどうか確実にしておこう。

セラックポリッシュを着色する

色の変化は色つきセラックポリッシュを1度か2度ウォッシュコートしてやると得られる。このコートはフレンチポリッシュをおこなっている工程のどの段階でもおこなえるもので、次に塗る薄めていない研磨剤でめばりされ保護される。

既製のアルコールステインとセラックを混ぜてもよいが、プロは粉末状のアニリン染料を用いてフレンチポリッシュに色付けする。専門店で限られた色のみが入手できる。典型的な色は赤、黒、黄、緑、青、オレンジ、茶だ。これらの色を正しく組みあわせると、木材のどんな陰影でも出せるはずだ。

ごく薄い色を混ぜる長所は、一色ずつ重ねていき、求めるどおりの陰影と色合いを出せることだ。粉末状染料はとても色が強いので、少量の変性アルコールで希釈し、その溶剤を同じ比率でセラックポリッシュと混ぜよう。

ウォッシュコートを塗る

紙か廃材の上で、着色したポリッシュの色の強さをためしたら、ウエスか研磨用布を使って、ごく薄く作品に塗る。混ぜこむように塗り、着色した部分の端が目立たないようにしておく。研磨用布の使用が不可能であれば、軟らかなハケで作品の上に塗ろう。

研磨剤を乾かしたら、仕上りを確かめて、必要であればさらにウォッシュコートを塗り、色の度合いを変える。着色した部分の端がはっきりわかるようであれば、目の細かい炭化珪素紙で軽く研磨してみよう。

満足いく結果が出たら、研磨用布を使って研磨剤のすりこみを続ける。最初の塗りはごくやさしく塗り、色を損ねたり変化させないように気をつけよう。

ブラシ塗り用セラック

セラックをブラシで塗るという考えは新しいものではない。過去には、棺職人のようにおそらくその仕事をあまり評価されなかった商人が、薄めたセラックを木材用に塗ることによってつや出しにする傾向にあった。伝統的な手作業での方法はつねに、研磨用布による作業で仕上げた場合にのみ成し遂げられるものだ。

もし、フレンチポリッシュを習得する気も時間もなかったら、特殊なブラシ塗り用セラックを使う方法をためしてみるといい。これは乾燥を遅らせる添加剤を含んでおり、仕上げに永遠に残る刷毛目を残すことなく、セラックを作品に塗ることができる。軟らかな、天然毛のブラシを使おう。

伝統的なフレンチポリッシュで推奨されているように作品を調整し、着色しよう。

2　磨く

ブラシ塗り用つや出し剤のなかには、他よりも速く乾燥するものがあるが、1時間あればじゅうぶんだろう。目の細かい炭化珪素紙をもちいて最初の層を軽くこすり、なめらかになったところで、セラックをさらに2回塗る。気づいたきずがない限り、2度目の塗りをする必要はない。

3　仕上げにワックスをかける

ブラシだけでも望みどおりの結果が得られるかもしれないが、仕上げを調整し、フレンチポリッシュの仕上げと見分けがつかないほどの成果を出すこともできる。ワックスポリッシュに目の細かなスチールウールを浸したものでこするのだ。ワックスポリッシュをやさしく均等に塗り、セラックの層を突き抜けないよう注意すること。

1　研磨剤を塗る

ニスのようにこの仕上げ剤を広げようとしないこと。セラックをブラシから自然にあふれさせ、木目と平行にまっすぐ塗る。そこそこすばやく塗っていけば、刷毛目やうねを残すことはない。作品の縁でブラシの毛を曲げると、刷毛目を残しやすくなるので、セラックが固まらないうちに、清潔な布で拭きとろう。取り残しに気づいたら、後程こすりとる。

4　ワックスをバフ研磨する

ワックスポリッシュが固まるまで、15〜20分待ち、柔らかい布でいきおいよくつや出しする。

失敗と修復

次のチェックリストは、フレンチポリッシュ関連でよくある問題と対処法だ。

表面の穴
原因：木目の適切な充填に失敗すると、セラックが広い孔に沈み、定着する。
対処法：この場合はポリッシュを固まらせてから、研磨ブロックに炭化珪素紙をくるんでこすり、孔がセラックで満たされるまでふたたびつや出しする。

白化
原因：ポリッシュに湿気が入り込むと、セラックを塗ってまもなく曇ったように見える。これはつや出しをしているあいだの湿気で生じたものか、あるいは水の染みが適切に乾かなかったために起こる。あるいは、木材自体がわずかに湿っていた可能性もある。
対処法：白化はたいてい木材まで浸透するため、通常の修復方法はセラックをはがしてふたたびポリッシュを塗ることになる。

乳白化（ブルーミング）
原因：ぶどうの表面に見られる白粉（ブルーム）と似ている曇った染みで、新旧に関係なくセラックに発生する。
対処法：ごくわずかに水で湿らせた布を使って、表面から乳白化を拭きとり、乾いた布かペーパータオルで乾かす。

前の塗りを乱すつや出し
原因：前の塗りが固まらないうちに新しいセラックを塗ろうとすると、前の塗りがにじんでしまう。
対処法：セラックを重ねるごとに最低30分は乾かす時間をおいて、最後に塗りがじゅうぶん固まるように作品をひと晩おいておくこと。

キズ
原因：研磨用布を研磨面に置いたままにしておくと、セラックの加工面に跡を残してしまう。
対処法：研磨剤が固まるまでひと晩おいてから、炭化珪素紙でそのキズを研磨する。狭い箇所だけに集中しすぎないように。仕上がり面に色の薄いパッチが残ってしまうからだ。

研磨剤のうね
原因：うねは研磨剤を含ませすぎた研磨用布で、強すぎる力で塗ると生じる。
対処法：キズと同様の処置をしよう。

刷毛目
原因：セラックポリッシュは塗料と同様、厚く塗りすぎてブラシでぬぐえないと、刷毛目や"カーテン"が残る。これは薄めたセラックを塗った場合や、研磨用布やブラシがケバ立った成型加工物や鋭い端面を塗った時に生じる。
対処法：ポリッシュがまだ軟らかいうちに刷毛目を広げようとはしないこと。固まるまで待って、研磨用布によるキズと同じように処置する。

ひっかききず
原因：つや出しをしていて、以前の塗りにひっかききずがつくことに気づいたら、研磨用布の底を調べて、埃や砥粒が付着していないかどうかたしかめよう。縫い目が底を走っていることに気づいたら、研磨用布を作り直す。合成繊維で作った研磨用布も、研磨面の表面にひっかききずを作ることだろう。
対処法：磨いた後にはかならず作品を拭くようにして、あらたに研磨剤を含ませた研磨用布を汚れた表面（55ページを参照）にプレスすることがないように。ひっかききずやその他のキズは、セラックがひと晩経って固まってから、研磨して消し去ろう。

ホワイトリング
原因：円形の白い染みは、フレンチポリッシュをした表面に湿った花瓶の底やグラスが接触することで生じる。アルコールや熱でも同様の現象が起こる。
対処法：この問題には複数の対処法がある（30ページを参照）。専用の色揚げ剤、車塗装用のクリーナー、あるいは液体メタルポリッシュなども使える。

Chapter 5
ニスとラッカー

現代の製造方法のおかげで、
ニスとラッカーは幅広い種類が
使えるようになった。
どれも、耐久性、耐候性、
塗りやすさ、乾燥のスピードと、
それぞれに特性がある。
こうした万能な製品なので、
きっと要求に見合う
ニスやラッカーが見つかるだろう。

VARNISH & LACQUER

あらゆる場面に対応できる仕上げ

かつて"ラッカー"や"ニス"という用語は特殊な仕上げを指したものだった。ラッカーは溶剤の蒸発によってすばやく乾燥するクリアコーティングの大部分を指す用語で、一方、従来のニスは樹脂、オイル、溶剤の混合液で蒸発と酸化の組みあわせで乾燥するものだった。今日では数多くの仕上げ剤がとても複雑になっており、もはやいずれかの分類にそのまま当てはまらなくなっているが、メーカーは顧客をとまどわせないよう、耳慣れた用語を使い続けている。この結果、"ラッカー"あるいは"ニス"のラベルは取り替えが効くほどになってしまった。そこでさらなる混乱を避けるために、本書では木工仕上げ剤を購入する際に、もっとも目につくだろう用語を使うことにする。

ニスとラッカーの大半は透明から琥珀色の仕上げ剤で、まず木材を保護し、自然の木目を強調することを目的に作られている。染料や顔料を含んだ調整仕上げ剤もある。

透明なポリウレタンニスは強固で魅力的な仕上げ剤。あらゆる内装用木材表面に。

油性ワニス

　伝統的な油性ワニスは化石化した木の樹脂に亜麻仁油を混ぜ、テレビンで希釈したものだ。現在の油性ワニスの製造では、天然樹脂はフェノール、アルカリ、ポリウレタン樹脂といった合成樹脂に替わり、溶剤にはホワイトスピリットが使われるようになった。

　しばしば油性ニスといわれている油性ワニスは酸化して乾燥する。溶剤が蒸発するとオイルが空中から酸素を吸収し、ニスに化学変化を起こす。こうなると、ホワイトスピリットを塗っても、乾いた皮膜は軟らかくならない。

木目のある針葉樹材のドア。屋外用ニス使用

床用シーラーはとくに長持ちするクリア仕上げだ

　オイルと樹脂の割合はニスの特性に影響を与える。オイルを高い割合で含むニスはロング油性ワニスとして知られ、比較的強固で柔軟性と耐水性があるため、外構用の木工仕上げに適している。ショート油性ワニスはオイルの割合が低く、樹脂の割合が高いニスで、ロング油性ワニス以上に乾燥が速くより硬い被膜を作り、つや出しをして光沢仕上げとすることが可能だ。また研磨ニスと呼ばれるものもあり、これは内装木工仕上げ剤の仲間だ。

　樹脂の選択もまた、ニスの性格付けに影響する。たとえば、屋外用ニスはアルカリ樹脂に桐油を混ぜ、弾力性と耐候性を与えたものだ。メーカーがスパーワニス(耐候性ワニス)、船舶用ニス、ヨットニスといった用語を採用している類は、屋外用仕上げとして特級の品質であることを指しており、環境汚染の影響がある都会の環境にも、海沿いの気候にも対応できる。ポリウレタン樹脂は内装油性ワニスとして好まれており、床用シーラーもこの仲間だ。強打や摩耗にじゅうぶんな耐性が必要となる箇所だ。

　油性ワニスはすぐ使用できる状態で販売されているが、顔料やつや消し剤を含んでいるものだけは、最初にかき混ぜる必要がある(66ページを参照)。

揮発性ニス

　揮発性ニスは、多くの場合セラック等の天然樹脂を変性アルコールに溶かして製造されている。アルコールの蒸発によってすばやく乾燥するが、溶剤を塗れば被膜はふたたび軟らかくすることができる。揮発性ニスはブラシ塗り用セラックやフレンチポリッシュよりも、セラックの割合が高い。最近では木工仕上げにめったに使われることはないが、クレオソートを染みこませた木材をペイント前にめばりする場合は効果的だ。

2液を混ぜたポリウレタン樹脂ニス

　このニスを固めるには、ユーザーは正確な量のイソシアン酸塩硬化剤を塗布の直前に混ぜなければならない。こうすると透明で強固な仕上げとなり、標準の油性ワニス以上の耐久性と耐熱性、アルコールを始めとする他の薬剤に耐性をもつニスとなる。しかし困った欠点は、硬化の途中に健康に有害なほどの実にいやな臭いを発生させることだ。特に、呼吸器系統の疾患をもつ人にはよくない。したがって、多くの国々で2液を混ぜたポリウレタン樹脂ニスの使用は禁止しており、唯一の例外は適切な換気装置を備えた管理された工場内での使用である。

被膜的木工染色(右)

　油溶性、水溶性の仕上げ剤として使用される被膜性木工染色剤は屋外ニスとペイントのあいだに位置する。ほとんどは半透明の木材の色か、パステル色の仕上げ剤だが、なかには完全に不透明なものもある。この仕上げ剤を本物の浸透性木工染色剤(42～43ページを参照)と混同しないように。こちらは屋外ドアや窓枠に使用できる色と保護を与えてくれる。

　完璧な接着をおこなうには、木工染色は白木に塗るか、以前に着色されていた建具を徹底的に洗って使用することだ。従来のニスやペイントを通常はがすことになっても、古いペイントを消し去るために作られているステインもある(47ページを参照)。

ニスステイン(下)

　色つきの油溶性アルカリ性の仕上げ剤を使えば、木材へのニス塗りと着色を1度の作業でおこなえる。ニスステインには半透明のさまざまな色があり、ほとんどは一般的な樹種の色を真似て作られている。パステルカラーのシリーズがあるニスステインもある(47ページを参照)。

アクリルニス(上)

　もっとも最近開発された木工用ニスは、アクリル樹脂を水で分散させ、乳化させたものでできている。このニスは塗ると乳白色となる。これが2段階の蒸発を経ると、透明な仕上げ剤と変化する。

　アクリルニスには定着剤として知られる溶剤が少量含まれており、水分が蒸発すると、この定着剤が硬化していく被膜に樹脂の粒子を溶かしこんでいく。この現象は比較的温かく、乾燥した空気でないと発生しない。湿気が多かったり湿った環境では、定着剤が水より先に蒸発してしまい、うまく固まらない被膜だけが残る。しかし、いったん固まれば、ニスは水を通さなくなる。必要な場合はシンナーを使えば軟らかくできる。

　アクリルニスは多くの油溶性仕上げ剤をしのぐ数多くの長所がある。非毒性で実際は臭いもなく、とても速く乾燥するので、ほとんどの作業を1日で終わらせることができる。火災の危険はないが、ブラシは通常の流水で洗って保管しておくように。

低温硬化ラッカー

　低温硬化ラッカーは架橋重合として知られる作用で固まり、この反応が始まるには酸触媒を必要とする。硬化すると樹脂の分子が化学的に結合し、極めて強い非可逆性の膜を作りだす。この膜は溶剤、熱、摩耗に高度の耐性をもっている。低温硬化ラッカーは定着のために溶剤の蒸発や酸化に依存しないため、比較的厚い層を塗ることが可能だ。

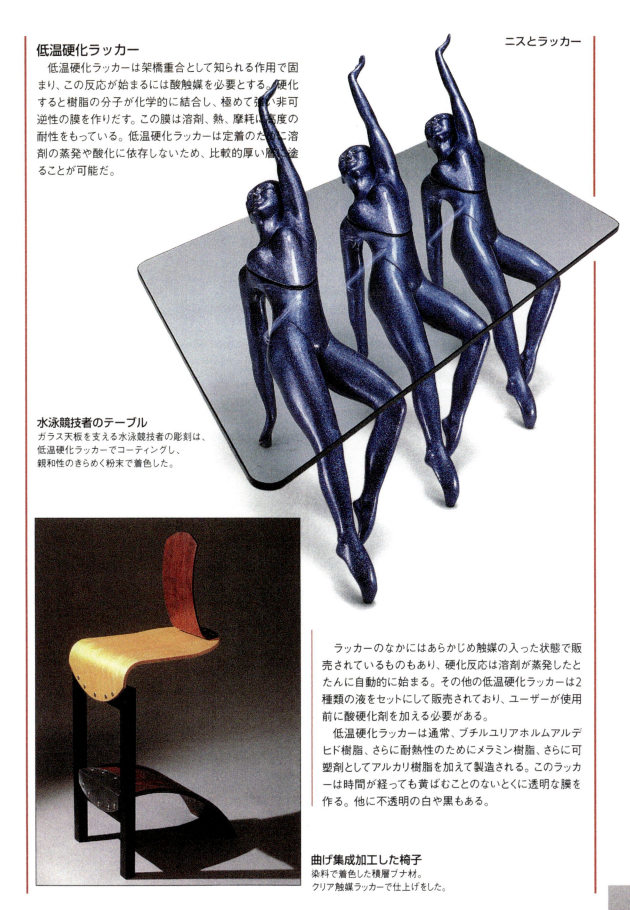

水泳競技者のテーブル
ガラス天板を支える水泳競技者の彫刻は、
低温硬化ラッカーでコーティングし、
親和性のきらめく粉末で着色した。

　ラッカーのなかにはあらかじめ触媒の入った状態で販売されているものもあり、硬化反応は溶剤が蒸発したとたんに自動的に始まる。その他の低温硬化ラッカーは2種類の液をセットにして販売されており、ユーザーが使用前に酸硬化剤を加える必要がある。

　低温硬化ラッカーは通常、ブチルユリアホルムアルデヒド樹脂、さらに耐熱性のためにメラミン樹脂、さらに可塑剤としてアルカリ樹脂を加えて製造される。このラッカーは時間が経っても黄ばむことのないとくに透明な膜を作る。他に不透明の白や黒もある。

曲げ集成加工した椅子
染料で着色した積層ブナ材。
クリア触媒ラッカーで仕上げをした。

ニスとラッカーの特性

　一口にニスとラッカーと言っても、メーカーは目的に応じた製品とするために配合を変えることができる。もっとも多く目にするだろう説明書に含まれる特性を次に挙げた。

仕上げ――光沢、半光沢、つや消し
　通常ニスとラッカーは乾くと光沢仕上げとなるが、つや消し剤が含まれており固まると半光沢（サテン）あるいは、完全なつや消しになるものもある。ほとんどのメーカーではニスとラッカーを3種類すべて製造している。たとえば、1度塗りにしか使えないニスステインも、適切な透明ニスを重ねることで変化をもたらすことができるといった具合に、使える。

清澄さと色
　ほとんどのニスとラッカーは透明仕上げ剤で、木目を隠すことなく木材の色を豊かにするものだ。完全に透明だとうたってある仕上げ剤でも、木材をわずかに暗く見せる。ニスステインは被膜的木工染色で、顔料あるいは染料を含んでおり、木材をまったく異なる色に見せる。

黄ばみ防止
　油性ワニスは時が経つと色が暗くなり黄ばむ傾向にある。アクリルニスと低温硬化ラッカーはどちらも清澄さを保つ。

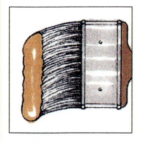

粘性
　ニスとラッカーは通常は粘性のある液体だが、なかには揺変性、したたりにくいと書かれているものもある。これは作品にブラシで塗ると、粘り気のあるジェル状となっている。

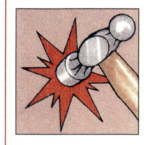

耐久性
　現代のニスとラッカーは摩耗や引き裂きにとても強く、ひっかききず、摩擦、衝撃に耐性があると書かれている。

耐熱性
　耐熱性とは、ニスやラッカー仕上げの上に熱い皿を置いても仕上げ剤を痛めないという意味である。

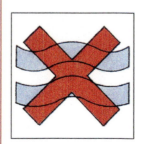

耐水性
　耐水性のコーティングは水分を吸収せず、水が飛びちっても染みにならない。

ニスとラッカー

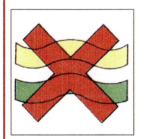

耐溶剤性
耐溶剤性のコーティングはアルコールを含む溶剤と接触しても、軟化せず、染みにならない。

耐候性
屋外用仕上げ剤のすべてに耐候性がある。はがれず、ひび割れない柔軟性のあるコーティングを作り、耐紫外線性があるため木材が色褪せることを防ぐ。

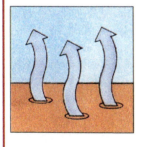

微小孔性、あるいは水蒸気透過性のある
これは屋外用ニスや被膜的木工染色の、雨水は弾くが水蒸気は透過させる性質を指したものだ。

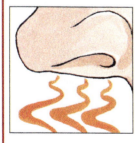

低臭性
溶剤含有率の低いアクリルニスは事実上、臭気を発しない。同様の低臭性の仕上げ剤を使用すると健康への害を押さえることができ、環境にも優しい。

有毒性
仕上げ剤を飲みこんだり、においを吸いこんだ際の影響について、メーカーは注意書きを載せるように法律で義務づけられている。子ども用家具や玩具に使用する木工仕上げ剤についての法律は特に厳しい。

可燃性
油溶性の木材仕上げ剤は可燃性の蒸気を発する。アクリルニスを始めとする水溶性の製品は非可燃性だ。

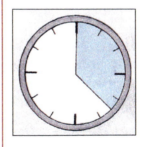

乾燥定着時間
メーカーは仕上げ剤が"触れても平気"な状態に乾くまで要する時間を、必ず記載している。2度塗りした際はさらに長い乾燥時間となる。木工仕上げ剤の乾燥定着時間はかなり異なるものだ。速乾性ならば作業を手早く終えることができるが、遅乾性のニスを使えば、刷毛目を残すことなく仕上げ剤を均等に広げる時間が余分にもてる。しかし、遅乾性の仕上げ剤の場合は、空気中の埃がつく危険が高くなることは覚えておこう。

ブラシでニスを塗る

ニスを木材にスプレーすることは可能だ——揺変性のものは除いて——しかし、多くのアマチュア木工愛好家にとっては、ニスをブラシで塗るほうがずっと手軽でコストもかからない。質のよい道具を使用して忍耐強く作業をすれば、完璧な結果がえられるはずだ。

天然毛ブラシ

合成毛ブラシ

楕円ニスブラシ

ブラシを選ぶ

質のよいハケならば油性ワニス塗りに適しているが、毛が落ちずに油性ワニスをうまく広げられる天然毛ブラシが最適だ。楕円形のニスブラシもあり、これはとくに塗る面積が広い場合と、縁の状態をよくしたい場合を念頭に考案されている。

水性アクリルニスには合成毛ブラシを使おう。ほとんどのニスメーカーはナイロンブラシを勧めている。

一般用途には50mmのブラシ、組子や小さな成型加工物にニスを塗るためには25mmのブラシを選ぼう。100mmのブラシは床にニス塗りをする際は役立つが、目的の部分より幅広いブラシを使っていると、しばらくすると疲れてくるものだ。

どんなブラシを使うことにしても、そのブラシはニス塗り専用として、ドライペイントなどが混ざらないようにしよう。床にニス塗りする際は、長い伸張式ハンドルにペイントローラーを取りつけての使用がお勧めだ。

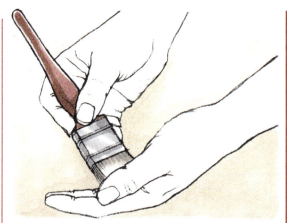

1 新しいブラシを準備する

おろしたてのブラシを油性ワニスに使用する前に、手のひらに押しあててしならせ、抜け毛を払っておく。

2 毛を亜麻仁油に浸す

新しいブラシは亜麻仁油に24時間浸して使用に備える。油瓶のなかにブラシを立てかけて浸すと、毛が斜めに広がって使い物にならなくなる。だからブラシは口金のすぐ上にドリルで小さな穴を開け、そこに短く硬い針金を通して、瓶の縁に渡して吊りさげておこう。

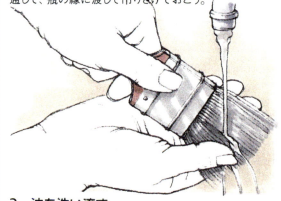

3 油を洗い流す

毛から余分な亜麻仁油を絞り、茶色の包装紙か厚紙の上で前後にブラシを動かす。そしてホワイトスピリットでブラシをすすぎ、温かい石鹸水で洗う。ブラシが乾いたら、準備は終わりだ。

ブラシのクリーニングと保管

アクリルニスに使用したブラシは、ただちに清潔な水で洗うこと。固まるまで放置した場合は、ニスを軟化させるためにシンナーを使おう。

油性ワニスの重ね塗りを待つ間は、ブラシを水中に置いて毛がつねに軟らかい状態を保つ。再度使用する前に、ペーパータオルで水分を拭きとる。作業が終わったら、ブラシをホワイトスピリットですすいでから熱湯と洗剤で洗う。

濡れたブラシの形状を整え、茶色の包装紙で毛を包む。紙がはずれないよう、口金の部分を輪ゴムで留めておこう。その後ブラシは棚にたいらに寝かせるか、壁掛けのワイヤーラックに吊りさげておく。

ニスを小分けする

つや消し、半光沢、あるいは色つきニスは、おりが容器の底に沈んでいないと確認するまでそっとかき混ぜる。揺変性ニスはかき混ぜる必要はない。

缶から直接ニスを使ってもよいが、必要なだけを清潔なさげ缶に移して使うほうがいいだろう。こうすると、缶の蓋をもどして残りのニスの状態をよく保つことができるからだ。さげ缶の上部には直径に針金を伸ばして、一時的にブラシを支えられるようにしておく。

ブラシにニスを含ませる

毛先の1/3をニスに浸す。ブラシにニスを含ませすぎると、ニスがブラシの根元で固まり、柔軟性が落ちてしまう。ニスを含ませたブラシは、さげ缶内部の腹に押しつけて余分なニスを絞る。さげ缶の縁で毛をしごくのはうまいやり方ではない。気泡ができやすいからだ。

ニスとラッカー

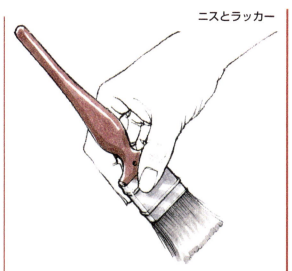

ブラシを持つ

ハケのもち方には特に厳密な決まりはないが、鉛筆のように握ると、手首を柔軟に曲げてどんな方向にもブラシを動かせる。口金を親指と人差し指ではさむようにしよう。

木材の調整

温かく、乾燥した、埃が舞っていない場所で作業しよう。しかし、作業所の換気は忘れないように。油溶性の仕上げ剤を塗る際は特に注意が必要だ。汚れた作業着や繊維が抜ける可能性のあるウールのセーターを着て作業しないこと。

新しい木材、あるいは白木

作品に汚れがなく、なめらかで、油分やワックスがついていないことを確かめる。油分の多い広葉樹材はホワイトスピリットで湿らせた布で拭く。

先にも述べたとおり、粗い表面の木材はサンディングシーラーでめばりし、ニスに含まれるワックスポリッシュからシリコンオイルがにじむことを防ぐ(26ページを参照)。しかし、つねにまずはメーカーの注意書きを確かめて、使おうとしているニスがサンディングシーラーの上に塗っても固まることを確認しよう。

以前ニスを塗っていた木材

ひび割れささくれだったニスをはがそう(31～35ページを参照)。埃や油分の跡を取り去るためしっかり洗う。目の細かい耐水ペーパーでニスをざっとざらつかせる。

外構材

屋外用ニスは暖かで乾燥した日に塗ったほうがいい。できれば、乾燥した気候が続いたあとが望ましい。とくにアクリルニスは湿度と気温には敏感だ(64ページを参照)。

ニスを塗る

　油性、あるいはアクリルニスを塗る際は、習得すべき特殊な技術は特にない。それでも、基本的な手順をいくつか押さえておけば、気づきにくい落とし穴を避けることができるだろう。

平らなパネルにニスを塗る

　大きなパネルは対になった馬に乗せ、少しでもニス塗りが楽になるようにしよう。しかし、丁番でつながったドアや固定パネルの仕上げも、ニスが垂れないように気をつけさえすれば、ほとんど問題はない。

1　油性ワニスのシーラーを塗る

　油性ワニスを10％に薄め、白木に最初のシーラーとして塗る。ブラシで木材に塗ってもよいが、柔らかい布を用いて木目にこすりこむほうを好む作業者もいる。

2　最初のシーラーを磨く

　シーラーが固まるまでひと晩おく。それから作品を光がよく当たる場所に置き、ニスを塗った表面を調べる。水に浸した耐水ペーパーを用いて木目の方向に軽く磨く。ホワイトスピリットで湿らせ布で表面をきれいに拭いたら、ペーパータオルで乾かす。

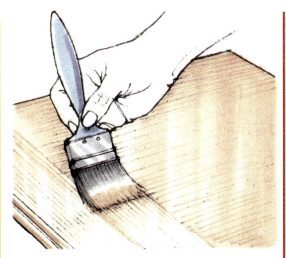

3　希釈しないニスをブラシで塗る

　木材に油性ワニスを塗る。最初は木目に沿って、次に木目に垂直に、均等にニスを広げる。つねにニスを塗り終わったばかりの方向へブラシを動かし濡れたニスの端をなじませるように。作業はきびきびと進めること。ニスは約10分で乾き始めるので、ふたたびニスを重ねると消えない刷毛目が残ってしまいがちだ。最後に、毛先だけを使ってごく軽く木目に沿って"塗り重ね"し、ニスを塗った表面をなめらかにする。垂直面にニス塗りしている際は、塗り重ねは下から上におこなう。

　油性ワニスは希釈しないものを2度塗りすればじゅうぶんだ。完璧に仕上げるには、それぞれの硬化の間に軽く磨いておけばよい。

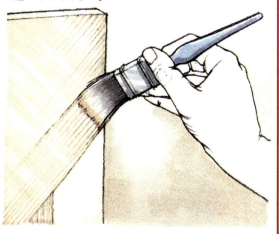

縁にニスを塗る

　パネルの縁に近づいたら、中央から外側にむけてブラシを動かそう。鋭い角度で毛が曲げると、ニスが縁に垂れてしまう。

　作品の縁でも、作業をしながら塗ったニスの端をなじませたほうがいいが、難しいようであれば、まずパネルの縁にニスを塗ってしまい乾燥させる。平らな面を塗るときに、布で端の刷毛目を拭く。

アクリルニスを塗る

　油性ワニスに使用する技法の多くが、アクリルニスにも適応できる。目的は平らで均等、刷毛目のないコーティングを手に入れることに変わりないが、アクリルニスの化学的特性のために、油性ワニスとは多少扱いが異なる点もある。

木目に対する対応

　木材が水分を吸収すると、繊維は膨張して表面に突きでる。水溶性であるために、アクリルニスにも同じ作用があり、最後の仕上げとしては完璧とは言えない。解決策として、まず木材を濡らしてなめらかに研磨してからアクリルニスを塗る方法（20ページを参照）、そしてニスの最初の塗りを、水に浸した目の細かい耐水ペーパーで研磨してから、2度塗りをする方法がある。それから水で湿らせた布で埃をぬぐう。タックラグでは油分の跡が残り、アクリルニスの次の塗りを台無しにしてしまう。

成型加工物にニスを塗る

　ブラシを成型加工物上で横切らせて曲げると、たいていは表面にニスがしたたり落ちることになる。これを避けるために、成型加工物に沿う方向にだけブラシを動かそう。

　パネルドアのニス塗りをするには、まず成型加工物部分だけにニスを塗り、それからパネルにニスを塗る。成型加工物は四隅から中央にむけてブラシを動かそう。

さびの問題

　どんな水溶性仕上げ剤でも、木ねじや釘も含めて被覆のない鋼や鉄の部品に塗ると、さびを生じさせる。作品にニスを塗る前に金属の部品は取り去るか、あるいはそうした部品をワックス化した透明セラックで保護する（53ページを参照）。

　アクリルニスを磨く際は、スチールウールを使用しないこと。細かな金属片が木目に埋まるとさびて、木材に黒い染みを残してしまう。銅のたわしか研磨ナイロン繊維パッドを使おう（17ページを参照）。

ニスを塗る

　アクリルニスは均等に塗ること。まずは木目と垂直にブラシを動かし、次に油性ワニスの項目で述べたように均等に塗り重ねる（左のページを参照）。

　アクリルニスは20〜30分で乾燥するので、手早く作業を進める必要がある。とくに暑い日は仕上げに消えない刷毛目を残さないよう注意しよう。

　2時間経ったら、2度塗りをおこなう。全体で3回塗りを重ねれば、最大の保護効果をじゅうぶんに発揮できる。

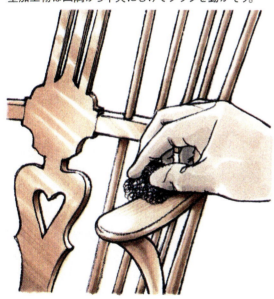

つや消しニスに光沢ニスを重ねる

　つや消しと半光沢の油性ワニスは、とても細かな肌目の表面を作り、光を拡散させる。これで完璧に見えるが、木製椅子の肘やテーブルトップといった部材では、つや消しの仕上げに光沢ニスをこすることで、よりなめらかな感触の表面にすることができる。

　000番手のスチールウールをワックスポリッシュに浸して、ニス表面をこする。ワックスポリッシュが乾くまで待ち、柔らかい布で磨くといい。

低温硬化ラッカーを塗る

従来のニスとはかなり異なる仕上げ剤だ。低温硬化ラッカーを塗ること自体は難しいものでも何でもないが、硬化過程が不適切な調整と不適切な手順で影響を受けることは、しっかり心得ておこう。

表面の調整をする

どんな木工仕上げでも、作業面もなめらかで清潔にしておくこと。ラッカーの硬化を妨げるワックスの跡はすべて取り除こう。木材に残った木工染料はラッカー内の酸触媒と溶けあうため、木材に着色する前にメーカーの注意書きを確かめよう。

低温硬化ラッカーを混ぜる

勧められている量の硬化剤とラッカーをガラス瓶あるいは、ポリエチレン容器に入れて混ぜる。金属製容器や他のプラスチック容器では硬化剤と化学反応を起こしてしまい、ラッカーが固まらなくなる。

低温硬化ラッカーのなかには、硬化剤と混ぜてしまうと約3日しか使えないものがある。しかし、瓶をポリエチレンで覆い、輪ゴムで留めておけば約1週間使えるようにできる。このタイプのラッカーは容器を密封し、はっきりわかるようにラッカーと書いて冷蔵庫に保管しておけば、さらに長持ちさせることも可能だ。

低温硬化ラッカーを塗る

適切な換気が重要だ。とくに床にラッカーを塗る際は注意が必要だが、作業所は暖かく保つこと。

流れるような動きでラッカーを均等にブラシで塗ろう。濡れた端の部分では混ぜるようにする。心もち厚めに塗り、刷毛目や垂れが生じないように注意する。

ラッカーは約15分でふれても大丈夫なまでに乾燥する。約1時間経ったら、2度塗りをしよう。3度塗りが必要な場合は、翌日塗るようにしよう。

キズの修正以外は、各塗りのあとに磨く必要はない。ステアリン酸塩研磨材を使用する際は（18ページを参照）、特殊なラッカー薄め液で研磨した表面を拭く。

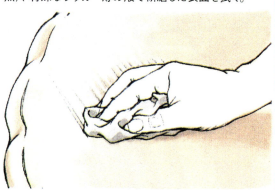

ブラシの手入れ

低温硬化ラッカーは品質のよいハケで塗ろう。スプレーすることも可能で、広い面を発泡プラスチックのペイントローラーで塗ることもできる。

重合が終わると、低温硬化ラッカーは不溶性となる。よって、作業が終わったらただちにブラシを特殊なラッカー薄め液で洗おう。重ね塗りを待つ間、ブラシはラッカーの混合液に浸して吊し、ブラシごと容器全体をポリエチレンでくるんでおくとよい。

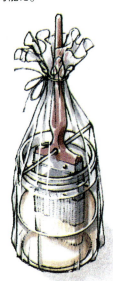

仕上げを変化させる

完璧な光沢仕上げを得るために、最後の塗りは数日かけて固まらせる。それから耐水ペーパーと水を用いて、表面全体がつや消しに見えるまで滑らかに研磨する。つや出しクリームをわずかに湿らせた布に取り、表面を高度に磨きあげてから、布で拭きとる。

半光沢仕上げにするには、固まったラッカーを000番手のスチールウールをワックスポリッシュで滑りやすくしてから磨く。つや消し仕上げにしたいならば、もっと目の粗いスチールウールを使おう。

ラッカー

ラッカーは溶剤が蒸発することによってのみ乾燥し、残った膜は表面にシンナーを塗れば簡単にふたたび溶ける。つまり、重ね塗りをおこなうと前の膜を部分的に溶かすことになり、ラッカーがとけあってひとつの層となる。

これは透明仕上げ剤で、木材の色をほとんど変えない。たいへん速く固まるため——たった30分おけば2度塗りができる——埃が入る問題はない。

ラッカーはたとえばポリウレタンニスや低温硬化ラッカーのような熱、水、摩耗に対する耐性はない。しかし、セラックポリッシュには劣らない仕上げ剤だ。ラッカーを塗る際は換気がとても重要で、適切な防塵マスクをつけたほうがよい(125ページを参照)。ラッカーには高い可燃性がある。

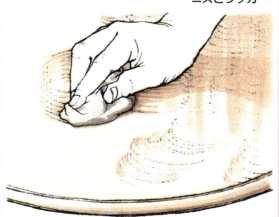

1 作品をめばりする
布パッドを使い、シンナーで50%に薄めたラッカーをシーラーとして塗る。

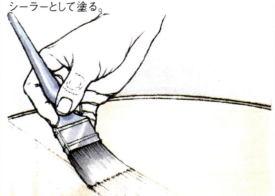

2 希釈しないラッカーを塗る
希釈しないラッカーを塗る。流れるような動きで塗っていく。ブラシを表面に対して浅い角度でもち、長く、まっすぐに動かして、前の部分に重ねるように塗る。ニスと同じように広げないこと。ラッカーのように急速に乾燥する仕上げ剤では、はっきり見える刷毛目を残してしまうことになる。

3 磨いて仕上げる
1時間ほどしたら、ラッカーの最後の層を磨き、小さなキズを取り除く。目の細かい耐水ペーパーと自己潤滑炭化珪素紙、どちらを使ってもよい。つや出しクリームを使って、望みの仕上がりになるまで磨く。

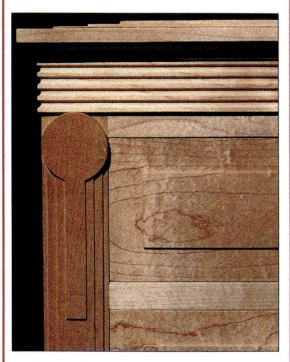

ラッカーをスプレーし、ブラシで塗る
普通のラッカーはとても乾燥が速いために、スプレーだけが実際的な塗布方法だ(80〜88ページを参照)。作業所に必要なスプレーガン、コンプレッサー、換気システムを備えていない場合は、特殊配合で揮発の遅い溶剤を使ったラッカーを使用し、木材にブラシで塗ることができる。

失敗と修復

次のチェックリストは、ニスと低温硬化ラッカーを使用する際によくある問題と解決法だ。

ニス
刷毛目と垂れができた
原因：じゅうぶんにブラシを絞らないと、つけすぎたニスが刷毛目を残し、垂れる。できたばかりの刷毛目なら、何もつけていないブラシを上向きに動かしてぬぐいとろう。
対処法：固まった刷毛目は、水に浸した耐水ペーパーを用いて磨く。できるものならば、まず固まった刷毛目を鋭いのみで削り取り、磨く手間を最小限にしたい。

埃の粒子が入りこんだ
原因：濡れたニスが固まる途中で、偶然に埃が入りこむことを防ぐ方法はほとんどない。
対処法：ニスがまだ濡れていれば、鋭い楊枝で埃をつまみあげる。ニスは浮きあがり穴を埋め、なめらかな塗りを作ってくれるはずだ。もしニスが固まり始めていたら、埃が入ったまま翌日まで待ち、耐水ペーパーで表面を磨く。

ブラシの毛が入りこんだ
原因：最良のブラシでも時として毛が落ちる。
対処法：ブラシの先で落ちた毛を拾い上げる。ニスが固まるまで落ちた毛に気がつかなかったら鋭いナイフの先でとり出して、耐水ペーパーで磨く。

ニスが小さなボール状に丸まり、磨こうとすると研磨紙に詰まる
原因：ニスがじゅうぶんに固まるまで待たないとこうなる。最初の塗りを厚くしすぎると、触れても平気なほどに乾燥しても、下はまだ軟らかいままになっている。完全に乾いたかどうか確かめるのであれば、爪先でニスを押してみるとよい。跡が残れば、ニスは軟らかすぎてまだ磨けない。
対処法：さらに24時間作品を放置してから、耐水ペーパーで磨いてみよう。

ニスに消えないブラシの跡が残ってしまった
原因：固まり始めたばかりの塗りをブラシで逆行すると跡が残る。
対処法：固まりつつあるニスにうっかりブラシでふれても、きずを修復しようとしないこと。ますます悪くするだけだ。ひと晩おいてから、磨いてみよう。

はじき、斑点
原因：シリコンワックスの跡が木材の孔に残っていると、仕上げ剤をはじき、小さなへこみが残る。
対処法：88ページを参照。

アクリルニスが乾いたら白い粉になった
原因：アクリルニスを湿気のある状況で塗ると、定着剤が水より先に蒸発し、ニスが乾くと白い粉がふく。
対処法：表面から白い粉をブラシでとり、ふたたびニスを塗ろう。

アクリルニスが速く乾きすぎて、満足にブラシで塗ることができない
原因：暖かく、乾燥した天候では、水性ニスの乾燥時間はかなり速くなる。
対処法：ニスを約10％希釈してみよう。

低温硬化ラッカー
被膜が規定時間どおりに乾かない
原因：以下はすべて乾燥の遅れにつながる。木材から油分やワックスの跡をすべて取り去っていなかった場合、木目の目止めにライミングワックスを使用した場合、硬化剤の量がじゅうぶんでなかった場合、19℃以下で低温硬化ラッカーを塗った場合。
対処法：暖かい部屋に作品を置いていれば、じきにラッカーは固まる。ただ、1週間近くかかることもあるだろう。ラッカーを塗った床は、ポリエチレンシートをかぶせて完全に固まるまで保護することができる。

ラッカーの2度塗りがひだになる、ふくれる
原因：ラッカー内の溶剤が、下のまだ乾いていない塗りと反応している。
対処法：暖かい部屋に数日作品を置いておこう。

つや出ししたあと、ラッカーに霧がかかったように見える
原因：完全にラッカーが固まるまでは、高度につや出しすることは不可能だ。
対処法：作品を1週間近く暖かい部屋に置いてから、ふたたびつや出ししよう。

接着剤のつきが悪い
原因：ステアリン酸塩研磨材で低温硬化ラッカーを磨くと、接着剤のつきが悪くなる埃を残すことがある。
対処法：特殊なラッカー薄め液で湿らせた布で埃をぬぐってから、新しいラッカーを塗ろう。

Chapter 6
ペイント仕上げ

ペイントとニスは似たような樹脂と溶剤でできており、共通する特性がたくさんある。ひとつ決定的に異なる点は、ペイントは着色する顔料を含んでおり、木目を見えにくくするということだ。その結果、高価ではない広葉樹材の建具や、針葉樹材、板類の仕上げにより多く用いられている。

PAINT FINISHES

プライマー、下塗り、トップコート

ニスやラッカーに保護的被膜を塗る際は、それぞれの仕上げ剤と同じものを塗るが、従来のペイント塗り作業には、3つのわずかに異なるペイントの組みあわせを使用する——まず、プライマーを1度塗りして木材を効果的にめばりし、次の塗りが表面にじゅうぶん付着する働きをさせる。その保護層としてつやなしの下塗りを厚く2度か3度重ね、色あざやかなトップコートで半光沢あるいは光沢仕上げとするのだ。

プライマー

油性木工プライマー

白かピンクのプライマーがあり、次に塗るペイントの色と色合いに応じて選ぶ。伝統的なピンクのプライマーの色は鉛丹と鉛白の組みあわせで現れる色だ。非伝統的なペイントにはもはや鉛は添加されていないが、ピンクはいまなお好まれている色だ。油性のプライマーは一晩おいて乾かそう。

アクリル木工プライマー

水性のアクリルプライマーはオイルペイント、あるいはアクリルペイント、どちらのベースとしても使用できる。乾燥には約4時間かかる。メタル仕上げ用に特殊配合されたものを徐いて、水性のペイントは透明のセラックで保護しなければ金属部品にさびを生じさせてしまう（53ページを参照）。

アルミニウム木工プライマー

アルミ粒子を含んだ油性のプライマーは、耐候性を求める場合によい。アルミニウムのプライマーはまた、あらゆる広葉樹材のシーラーとしてもお勧めで、とくに油分が多く、樹脂の多い針葉樹材や黒色の木材保護剤とともに扱われる木材によい。また、熱にさらしているうちに焼け焦げてしまった木工作品をペイントする際にも、適したプライマーだ。

下塗り

油性下塗り

下塗りは木目とプライマーを消すように配合されており、乾くと均等でつや消しの仕上げとなり、耐水ペーパーで磨いて完璧にたいらな表面とすることができる。油性下塗りは通常、白と灰色、他限られた色のみとなっており、固まるまでに一晩放置しなければならない。

アクリルの下塗り

水性のアクリル下塗りは乾きが速いので、トップコートまで含めて平均的な作業なら1日で終わらせることができる。なかには、たった1時間待てば次のペイントを塗ることもできる製品もある。1度塗りでプライマーと下塗りの両方を兼ねるアクリルペイントを、ごく1部のメーカーが展開している。アクリルの下塗りには、油性、水性、どちらのトップコートを重ねることもできる。

白木
木目を浮きたたせ、なめらかに研磨した状態。

プライマー
木材をめばりし、他のペイントの理想的な下地となる。

下塗り
2度あるいは3度塗りでプライマーが見えなくなり、ペイントの保護的被膜を作っている。

トップコート
最後のペイント仕上げにより、色あざやかでなめらかな表面となる。

トップコート
油性ペイント

トップコートは最後に装飾的な表面を作りだし、一般的に高度に光沢のある仕上げか、微妙な半光沢仕上げが選べる。その2つを屋外用室内用に区別しているメーカーはほとんどないが、光沢ペイントほうが一般的に半光沢ペイントよりも耐候性に優れている。

垂れない揺変性のペイントは混ぜる必要はないが、保管しているうちに中間が固まっていることもある。この場合は、使用前にペイントをふたたびジェル化させよう。油性トップコートは2〜3時間でふれても大丈夫なまでに乾燥し、完璧に固まるまではひと晩おく。

1度塗りのペイント

油性の1度塗り光沢と半光沢のペイントは、別途下塗りの必要はないため、時間の節約になる。クリーム状に生産されており、比較的顔料の割合が高い。1度塗りのペイントはとくに古いペイントや強い色を消すために有効だ。特性を存分に活かすには均等に塗り、あまり厚く広げないことだ。

アクリルペイント

水性のアクリルペイントは多くの点で、アクリルニスと似ている。もっともはっきりしている類似点は両者とも、水分が蒸発することによって固まり、次に定着剤が樹脂と結合して硬い被膜を作る点である。これはつまり、アクリルペイントは寒い湿気の多い日や、湿度の高い時期に使用すると、満足いくように固まらない可能性があるということだ(64ページを参照)。

アクリルペイントは光沢仕上げでも半光沢仕上げでも販売されているが、水性のペイントは油性のペイントほど光沢は出ないものだ。

アクリルペイントはすばやく乾燥する。毒性はなく、非可燃性で、事実においもない。メーカーの説明書を見て、屋外建具にはどのアクリルペイントが適しているのか確かめよう。

ミルクペイント

威厳ある19世紀の仕上げを再現できるよう配合された。ミルクペイントは着色した粉状で販売されており、水と混ぜて使用する。牛乳のたんぱく質、石灰、粘土、さらに微妙な色合いの自然の顔料でできている。ミルクペイントは乾くとつや消し仕上げとなるが、半光沢が好みであれば、つや出しもできる。さらに保護をしたければ、クリアニスを塗るとよい。

このペイントはもともと修復家たちの使用を目的としたものだが、新しい木工作品にも同様にふさわしい。白木にプライマーを塗る必要はないが、古家具の場合、すでにペイントされた表面に使用できる特殊なプライマーがある。

メタリックペイント

メーカーはゴールド、シルバー、カッパー、ブロンズといったペイントを揃えている。それはおもに、額縁、箱、その他の装飾小物の仕上げ用である。それだけでは保護コーティングにはならないが、そうしたものを扱う際はわずかに薄めたクリアニスで保護してやることができる。

メタリックペイントは使用の前にじゅうぶんかき混ぜてから、軟らかなハケで塗ること。

塗料を塗る

スプレーに比べて、ブラシやパッドでペンキを塗ることは比較的時間のかかる作業で、同じ質の仕上げとすることが難しい。しかし、特殊な用具を揃えるコストを押さえられ、ほぼ誰でもハケならもっているために、手作業によるペイントはいまでも木工作業者がペイント仕上げをする際にもっとも好まれる方法だ。

質のよいブラシを選ぶ

指でブラシの毛を広げて、質を確かめよう。毛はひとかたまりになっていて、すぐさま元の形状にもどろうとするのが普通だ。一まとまりの毛はフィリングといわれ、しっかりと金属の口金に接着剤で留められていて、ついで、口金は木製かプラスチック製の柄にしっかりと固定されている。50mmのブラシが一般のペイント塗りには理想的だ。細かい作業用に25mmも必要だろう。

パッドとブラシをクリーニングする

ペイントが終わったらすぐに、パッドやブラシを古い新聞紙を折りたたんだものにこすりつける。ホワイトスピリットですすいだら、毛やパイルを湯と洗剤で洗う。アクリルペイントに使用したブラシはただちに水ですすぐ。きれいになったブラシは形を整え、くるんで保管しよう（69ページを参照）。

固まった古いペイントは、毛を適切なブラシクリーナーかペイント除去剤に浸して軟化させる。それからじゅうぶんに水と石鹸で洗う。固まったアクリルペイントはシンナーで軟らかくなるだろう。

ブラシ、ペイントパッド、ローラー

ペイント用のブラシを選ぶ際は、ニスのときと同じ方針が適応される（68ページを参照）。油性のペイントに最適なブラシは硬く弾力性のある豚毛だ。豚毛よりやや安価なものなら、天然毛の混合ブラシで、通常は豚、牛、馬の毛を用いている。天然毛に似せた合成毛は、先端にむかって先細りになっており、毛先が割れている。細い合成繊維でも毛先が割れて、ペイントをしっかり含むようになっている。このタイプは水性ペイントに使用しよう。

モヘア裏地をつけた発泡プラスチックパッドは、大きく平らな面を仕上げる際に、ブラシと同様の使い方ができる現代の道具だ。ペンキ職人には、この小型版でサッシパッドと呼ばれるものも使っている人もいる。サッシパッドは組子、軸、成型加工物といった部材に使用する。新しいパッドは洋服ブラシでそっとなで、抜けた繊維を取り徐いておく。

広いドアやパネルをペイントする際は、小さなモヘアローラーを使用してもよい。

細かい作業用の幅の狭いブラシ

合成毛のブラシ

サッシパッド

一般用途むきの天然毛ブラシ

モヘア裏地のペイントパッド

ペイントパッドにペイントを含ませる

ペイントパッドは片側にローラーが組みこまれた専用のトレイとセットで販売されている。ローラーの上でパッドを引くと、ペイントがパッド全体に均等に行き渡る。

ペイントを塗る

　作品に汚れがなく、なめらかに研磨されていることを確かめてから、最初のペイントを塗ろう。アクリルプライマーとミルクペイントは水性なので、塗る前にはかならず目違いがないか確かめよう（20ページを参照）。

　ペイントは半透明だが、ペイントを変色させてしまう樹脂の多い節を隠すことはできない。節にはセラックベースの節止めを塗ってから（51ページを参照）、油性かアクリルのペイントを塗ろう。

　ひび割れたりささくれだったペイントをはがし（31～35ページを参照）、汚れと油分の跡を取り除くために作品をじゅうぶんに洗う。目の細かな研磨紙でペイントをざっとざらつかせる。

作業時期を選ぶ

　暖かく乾燥した気候の時に、外構材に塗装しよう。風の強い日は作業を避けないと、空気中の埃が塗装作業を台無しにしてしまう。

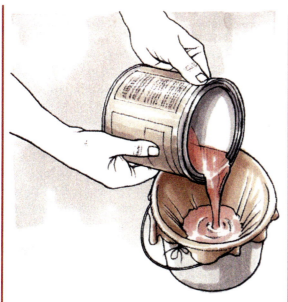

ペイントをさげ缶に注ぐ

　必要なだけのペイントをプラスチック製のさげ缶に注ぎ、ブラシを浸しやすくしよう（69ページを参照）。

　前回の作業で残ったペイントを使うのであれば、モスリンか古いストッキングをさげ缶の縁に伸ばして、ペイントをろ過しながら注ぐとよい。しかし、この作業は揺変性のペイントにはおこなわないように。古いペイントに被膜が張っていたら、周囲をナイフでぐるりとカットして棒で被膜を取りだしてから、ペイントをろ過しよう。

油性のペイントを塗る

　従来のオイルペイントを使用する際は、プライマーを塗り、下塗りは最低2度塗りして、トップコートを1度塗る。塗りが終わるごとに耐水ペーパーで作品を磨き、かすはホワイトスピリットで湿らせた布で拭きとる。

　ペイントを垂直方向と横方向に広げ、毛先で塗り重ねしてなめらかな仕上げとする。ニスの塗り方で述べたように（70～71ページを参照）、目立つブラシの跡や刷毛目をつけないようにする。

　揺変性のペイントを広げても意味がない。均等に塗ったら、ほぼ水平の動きでなめらかにして、軽く塗り重ねする。

アクリルペイントを塗る

　アクリルニスと同じように（71ページを参照）水性ペイントを塗り、濡れた端の部分をすばやくなじませる。

ペイントの缶を密封する

　缶をふたたび密封する際は、つねに縁からペイントを布パッドで拭きとって、板とハンマーを使って蓋を閉めよう。後で缶を振っておくと、ペイント上部に被膜が張ることを防止できる。

スプレー塗り

木工仕上げ剤のスプレーはブラシで塗るより速いだけでなく、基本さえマスターしたらすばらしい結果が保証される。とくにスプレーで仕上げた塗装は、他の方法ではなかなか得られないなめらかで均等な質となる。時間を取って廃材や板で練習してでも、実際の作品に取り組む価値があるというものだ。

スプレーの塗装

工業と建築の分野では、家具から車、そして室内装飾品や外構材まで、あらゆるものをスプレー着色するさまざまな手作業のシステムと半自動化されたシステムが採用されている。しかし、アマチュアの木工作業者が必要とするのは、換気のシステムだ。さほど高価でもなく、コンパクトで信頼性のあるものであればよい。というのは、ほとんどの人が、圧縮空気を微妙に調整し、手で持つスプレーガンである小型電動コンプレッサーを使うはずだからだ。

基本的なスプレーガンの装置は大金を1度に投資したくない場合は、レンタルすることもできる。しかし、据えつけの集じん器つきのスプレーブースを組み立てることが大変であれば、自分で必要なシステムを作ってみたほうがよいだろう。

スプレーガン

すべてのスプレーガンは液体仕上げ剤を霧状にし、木工作品に細かな霧として付着させる。その霧がつながって完璧に均等な表面のコーティングとなるわけだ。トリガーを握りしめると、空気がスプレーガン内で圧縮され、タンクから流れてくるペイントあるいは他の仕上げ剤と混ざって、スプレーガンの上あるいは下に溜まる。

スプレーガン上部に取りつけてある重力式塗料カップには、約半リットルのペイントやクリア仕上げ剤が入る。カップの底にあるフィルターが埃の粒子をガンのノズルへいくのを防ぐ。重力式のスプレーガンは、比較的軽量のプラスチック製塗料カップがついていることが多く、ほとんどの木工仕上げのスプレーに適している。しかし、顔料を多く含んだペイントは処理できないだろう。

吸上式スプレーガンはさらに万能だ。メタリックペイントを含むどんな木工仕上げ剤も扱えるからだ。圧縮された空気がスプレーガンにあふれ、吸引機が下についたカップから仕上げ剤を引きこむ。吸上式カップは重力式のものより断然大きいため、継ぎ足す回数が少なくて済む。しかし、このカップには1リットルまで入るため、ガンの扱いが困難になることもあるため、スプレーガンの下についたカップを作品にぶつけないよう注意が必要だ。

大容量低圧（HPLV）スプレーガンは家庭用スプレーガンとして広く使われるようになっている。ほとんど上塗りがなく無駄なペイントが出ないからだ。これは圧縮した空気か、タービンで絶えず空気を供給することで動く。

重力式スプレーガン　　　　　吸上式スプレーガン

スプレーガンの制御

最高級のスプレーガンは、空気圧縮の調整、液体排出量、スプレーのパターンについてきめこまかな制御ができる。

ノズル

ノズルはペイントと圧縮空気が合わさる場所だ。空気は中央ノズルの周辺から噴き出し、ペイントがそのノズルから噴射される。スプレーガンのトリガーを握りしめるとバルブがひらき、その瞬間の空気の流れを制御して、スプリング式のニードルがノズルから引かれ、ペイントあるいはニスがあふれてくる。

液体噴出量調節器

スプレーガン後方に取りつけられたねじはトリガーと連携して、ノズルからニードルをどこまで引くか統制する役割を果たしている。トリガーは液体の噴出量を決定する。

エアバルブ

スプレーガンへの空気圧縮はコンプレッサー側で決定されるが、1部のスプレーガンに装着されている調整ねじでは、圧縮をじゅうぶんに自分で調整することができる。有効なスプレーができている時に、圧縮空気をできるだけ低く調節してみよう。

空気量調節器

もう一つの調整ねじが、通常はスプレーガン後方に装着されている。ノズルからホーンへ噴出する空気量を制御するねじだ。ここを調整すると、スプレーパターンを狭いコーン状から最大に広げた扇状まで変化させることができる。

吸引式カップを装着する

スプレーガンにカップを取りつける際は、容器の底に届く曲がったパイプがノズルの方向へむくように確かめよう。こうすると、スプレーガンを水平方向にわずかに傾けた場合、カップ中の仕上げ剤をより多く吸い上げられる。

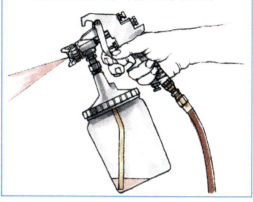

外部混合エアキャップ

ノズルはエアキャップの中央から突きでている。ノズル周辺の狭い隙間が空気の出口で、空気は液体の流れに導かれ、液体を霧状に変えてごく細かな粒とする。圧縮された空気の1部はキャップの両側に取りつけられた"ホーン"へと分かれていき、円錐状や扇状のスプレーパターンに空気と液体を圧縮する。

付属品

多くの木工仕上げ職人はひと組みのエアキャップ、ノズル、ニードルでほとんどの仕事を済ませてしまうが、たとえば顔料仕上げとメタリックペイントでは異なる付属品が必要だろう。スプレーガンのメーカー機関誌はさまざまな仕上げ用のニードル、キャップ、ノズル、コンプレッサーの大きさ、いくつかあるランクごとの製品を勧めている。

吸引式スプレーガンの制御

コンプレッサー

　小型ポータブルコンプレッサーは、ごく基本的な制御をもった連続的に噴出できる単純なスプレーガンと組みあわせて使用するように設計されている。81ページに述べたような制御を使いこなしてスプレーガンを操作するには、空気の供給元としてコンプレッサーが必要だ。このコンプレッサーから圧縮された空気がフレキシブルホースを通ってスプレーガンへと供給される。

コンプレッサーを選ぶ

　家庭用として典型的なコンプレッサーは、1気筒あるいは2気筒のエアポンプを備えている。動力は電気モーターで、ベルト駆動か、こちらのほうが一般的だが、直結型かのどちらである。圧縮された空気はタンクへ送りこまれ、タンクが満杯になるとモーターが止まる。空気がスプレーガンへ吸引されると、タンク内の圧力が下がり始める。あらかじめ設定したレベルに達すると、モーターが動いてふたたび満杯になるまでタンクを満たし始める。

　2馬力のモーターのコンプレッサーを選び、8cfm（1分当り立方フィート）を排出できるようにしたい。スペースに限りがある場合は、25リットルタンクのコンパクトなタイプを選ぼう。しかし、50リットルのタンクならば、他のあらゆるエアツールにも対応できる。

　コンプレッサーは最大有効圧力で格付けがあり、通常は120～150psi（平方インチ当りポンド）だ。スプレーには30～50psiの圧力が必要でエアツールには80～100psiの圧力が必要である。ほとんどのコンプレッサーの最大圧力以下で事足りる。空気圧力を設定する際は、つねにメーカーの注意書きにしたがうこと。

2HP電動コンプレッサー

レギュレーターとフィルター

ほとんどのコンプレッサーはレギュレーターつきで、空気がスプレーガンへ確実に一定の圧力で送りこまれるようになっている。器具のゲージは空気圧力を示し、圧力はレギュレーターバルブをまわすことで調整できる。ホースは単純なはめ込み式のコネクターに取りつける。

モデルによっては、空気がスプレーガンに到達する前に、湿気を始めとする内容物をシャットアウトするフィルターがレギュレーターに組みこまれているものがある。このフィルターで、タンクの底にたまった水滴が一定間隔で吸引できるようになっている。長いホースを取りつける必要があるならば、スプレーガン近くに第2のフィルターを取りつけて、ホース内にたまる湿気を除去しなければならないだろう。本体とつながったフィルターレギュレーターには排気コックがついており、その時点でたまっていた水を除去できるようになっている。

スプレーブースを組み立てる

スプレーは効率の良くない作業で、ペイントやニスの30％しか作品に付着しない。残りはオーバースプレーとして空気中で失われるので、何らかの排気装置がなかったら、作業所は高度に可燃性のガスとペイント粒子を帯びた霧に包まれてしまうだろう。木工作業者のなかには、屋外でスプレーしたり、作業所やガレージの出入り口に作品を置いてオーバースプレーしたものが外に流れるようにして作業することで対処している人もいる。しかし、どちらの対処法も満足いくものではなく、スプレーブースを設置したほうがよい。排気ファンを備えれば効果的にオーバースプレーを集め、固形物をふるいわけ、においを作業所の外へ送りだせる。水性仕上げ剤のみをスプレーするつもりでない限り、溶剤のガスが引火して火花が散らないようにガードしたモーターで動くフィルターつきの排気ファンが必要だ。スプレーブース内に設置するあらゆるスイッチと照明部品も、爆発するおそれのないものを使うこと。

基本的なスプレーブースを建てる

針葉樹材の骨組みで3方の壁をもつボックスを組みたて、ハードボードかMDFのパネルで覆う。排気ファンをブース後方の壁に取りつける。ブース内に紙を敷きつめ、作業ごとに取りかえられるようにしよう。照明源を自分の上かブースの両サイドに取りつけ、自分の影が作品にかからないようにする。後方の壁から反射する明かりがあれば、塗装の進み具合を判断する役に立つだろう。

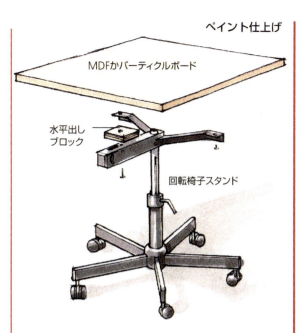

ペイント仕上げ
MDFかパーティクルボード
水平出しブロック
回転椅子スタンド

ターンテーブルを作る

オーバースプレーしたガスにさらされないように、作品がつねに自分と排気ファンの間に位置するように。もっとも簡単な方法は、作品用にターンテーブルを作り、仕上げが終わっていない面をスプレーガンのほうにまわせるようにすることだ。適当なターンテーブルを購入してもいいが、回転椅子のスタンドを改造したほうが安くつくだろう。

スプレーの際の安全

装置に気前よく投資する前に、地元の関係機関、消防局、できれば加入している保険会社にも問い合わせをしてみよう。スプレーブースを設置し、作業所でスプレー作業をする上で、何か必要なものや踏むべき手続きがないか確認できる。

- つねに戸外で作業をするか、正規の排気装置を設置して作業所から溶剤性のガスを取り除くこと。

- スプレーする際は、ゴーグル、つなぎ、正規の防塵マスクを着用しよう。

- スプレーする際は、作業所内で煙草を吸ったり、裸火を使わない。

- 手入れや修理（85ページを参照）の前に、送気ホースからスプレーガンを取りはずすこと。

- 防火用毛布と消化器をつねに手元に置いておくこと。

スプレーガンの調整

スプレー製品が最高の結果を出せるように毎回調整すること。慣れてくれば手が勝手に動くようになるものだが、最初は自分のシステムがどう動くのか実験してみたほうがいいだろう。まずは、最初からスプレーできる濃度で販売されているラッカーは別にして、適切な溶剤で仕上げ剤を希釈する必要がある。

木工仕上げ剤を薄める

ペイント、ニス、低温硬化ラッカーを準備する際は、メーカーの注意書きを確かめて、仕上げ剤の理想的な希釈の割合を調べる。同じ濃度で再度作る手間を省くために、作業を終わらせるには、希釈した仕上げ剤がどれだけあればよいかつねに決めておくこと。

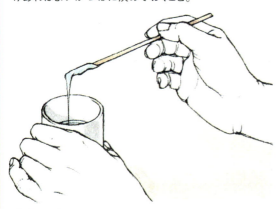

濃度を確かめる

薄め液を木の棒を使って仕上げ剤に混ぜ、棒をもちあげて、先端から希釈した仕上げ剤がどの程度流れるかを見る。濃すぎる場合、仕上げ剤は先端からしたたるか、あるいは間欠的に流れるだけだ。なめらかに、一定の速度でとぎれることなく流れたら、ペイントあるいはニスはスプレーに適している。作品にスプレーする前に、練習用のボードでためしてみよう。希釈しすぎた仕上げ剤はボードに付着した瞬間流れてしまうから判断できる。

粘性カップを使う

濃度に関してより科学的なテストをするならば、希釈した仕上げ剤を粘性カップに入れて流してみるといい。これはじょうごの一種で、仕上げ剤が正しく薄まっているならば、一定の速さで空になる。

制御を調節する

スプレーガンの制御をためすため、スプレーブースに合板か中質繊維板を設置する。スプレーガンのカップを指示どおりに希釈したペイントで満たし、制御装置がうまく作動するか実験してみる。

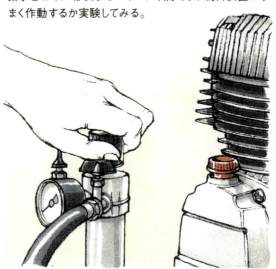

1　空気圧を調節する

必要な空気圧に設定するもっとも簡単な方法は、スプレーガンのグリップのエアバルブを全開し、コンプレッサーのゲージが必要な圧力を示すまで、レギュレーターのバルブを調節していくことだ。約30psiから始めるといいだろう。

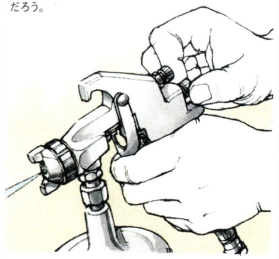

2　液体噴出量を調節する

排出ねじを完全に閉じた状態で始める。スプレーガンを作品にむけ、ノズルを表面から約200mm離して、トリガーを引く。徐々に液体噴出調整をひらいていき、表面が塗料で濡れ始めるまで続ける。もし調整器をひらきすぎた場合は多量の液体がスプレーされて、表面から流れ始めるだろう。

ペイント仕上げ

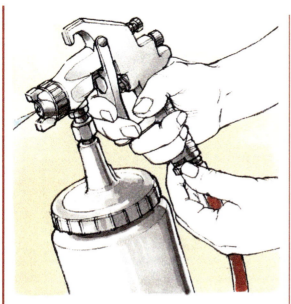

3　精密な調整

制御の実験として、エアバルブかレギュレーターを用いて空気圧を上げ下げし、液体の出る量を調節してその効果を比較してみよう。

また、スプレーガンを作品にいったん近づけてから離し、表面に液体が付着しすぎた場合の圧力と、逆に塗料が乾いた埃程度にしか付着しなかった場合を比べてみる。関係湿度とシンナーが蒸発する割合が塗装の質にも影響するだろう。

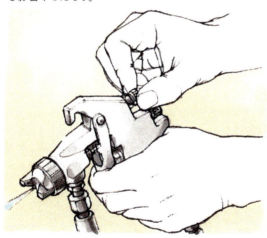

4　スプレーパターンを設定する

液体噴出調整器を完全に閉じると、スプレーガンは狭い円錐状にペイントを霧状にして吹きだすだろう。ホーンを水平にセットし、徐々に調整器をひらいていき、スプレーパターンの変化を見守っていると、広い垂直の扇形になるはずだ。エアキャップの締めつけリングを緩め、ホーンを垂直にセットして、ふたたび締めつけリングを閉める。この状態では、スプレーガンは水平の扇形をしたスプレーパターンを描く。

コンプレッサーの保守・点検

タンクとフィルターレギュレーターから毎日、あるいはスプレーを使用するたびに、水を抜くこと。

メーカーの取り扱い説明書にしたがい、オイルレベルを定期的に点検し、必要であれば空気吸入口のフィルターを取りかえよう。コンプレッサーの冷却ファンにたまった埃は取り除く。

スプレーガンをクリーニングする

傷んだハケを取りかえることになってもたいした悲劇ではないが、スプレーガンの掃除を怠っていると、パーツの取りかえにかかる費用に泣きを見ることになる。最悪の場合は新しいスプレーガンを購入することになるかもしれない。

スプレー作業が終わったらすぐに、カップを空にして、薄め液を入れる。ノズルから透明の薄め液が吹きでてくるまで動かす。特定の薄め液を切らしていたら、現在の仕上げ剤ならほとんどはシンナーで代用が効くはずだ。

エアキャップとノズルをクリーニングする

ホースに空気を送るバルブを閉じ、スプレーガンのトリガーを引いてホースをきれいにする。それからスプレーガンを取りはずす。エアキャップを外して、ノズルともども柔らかい布できれいに拭く。詰まっているものはすべて、木製の楊枝やスプレーガン付属の合成毛ブラシで取り除く。カップの内側とスプレーガンの外側をシンナーで湿らせた布で拭く。

スプレーの技術

　一般的に塗装に際し、何回か薄い膜を塗ったら、塗りと塗りの間に耐水ペーパーで磨き、埃やその他のきずを取り徐くことが最適だ。スプレー仕上げは比較的早くふれても大丈夫なまでに乾燥する傾向にあるが、適切に固まるまで作品を放置する時間が必要だ。空中の埃を最小限に押さえられるよう、床を湿らせておこう。

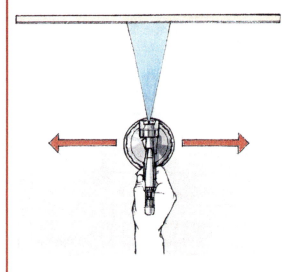

スプレーガンをむける
　完璧に均等な仕上げとするためには、スプレーガンを作品にまっすぐむけ続けておくことが重要だ。たとえば広いパネルをスプレーする際は、手首に柔軟性をもたせ、作品表面と平行に水平に動かせるようにしよう。

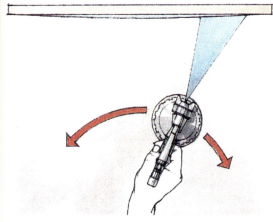

不均等な塗り
　弧を描くようにスプレーガンを振るというよくある失敗をやってしまうと、作品の両端にペイントやニスがじゅうぶんに付着していない場所ができ、中央だけがぶ厚く仕上げが付着することになる。

平らなパネルにスプレーする
　垂直なボードやパネルにスプレーする際は、スプレーガンを扇形のスプレーパターンに調整しておこう（85ページを参照）。

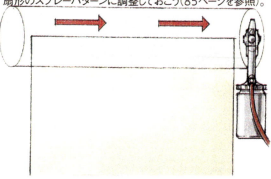

1　最初のラインを塗る
　ノズルを作品の上端直線上に合わせ、スプレーガンをパネルの片端にむける。トリガーを引き、パネルを横切るライン上を一定の速度でとぎれなく動かしていく。スプレーガンがパネルをじゅうぶんに過ぎてしまうまで、トリガーを放さないこと。

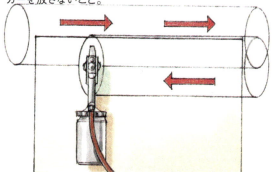

2　戻りのラインを重ねあわせる
　ふたたびトリガーを引き、反対方向に2本目のラインを進む。このとき、最初の塗りと50％重なりあうようにする。同様に、ラインを進むごとに重ねあわせて、各ラインの最初でトリガーを引き、最後でトリガーを放し、パネル全体を均等に塗る。スプレーし続けることは簡単に思えるかもしれないが、ペイントとニスはかなりむだになる。

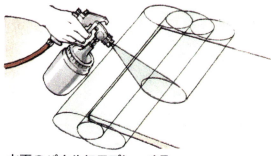

水平のパネルにスプレーする
　ターンテーブルに水平に寝かせた小さなパネルにスプレーするほうが、簡単だとわかるだろう。自分から遠ざけていくようにスプレーし、水平のラインを重ねあわせながら、作品に対して45度の角度でスプレーガンを保とう。

組み立てた作品にスプレーする

ペイント仕上げ

パネル、ドア、棚といった個別の部材にスプレーすることは比較的簡単だが（左のページを参照）、作品を組み立て終わっている場合は、次のように作業したら、順番にすべての表面を塗ることができるし、仕上げを損なわずに作品を動かすこともできるだろう。

テーブルにスプレーする

テーブル天板と下枠は別々にスプレーするほうがつねに簡単だ。スプレーガンを円錐状のスプレーパターンにセットして、細い脚と幕板を仕上げたら、扇状にスプレーパターンを広げて、テーブル天板にスプレーする。

- テーブル天板の裏側にスプレーし、立てかけて乾かす。
- ターンテーブルに下枠を立てて、脚と幕板の内側をスプレーする。四角の脚にスプレーする場合は、ひとつの角にスプレーガンをむけ、1度に2面を塗ることができるようにする。
- 脚と幕板の外側にスプレーする。
- ターンテーブルにテーブル天板をもどす。小さな木材を支えに使って載せるとよい。4面の縁をスプレーしていき、それから天板の表面を均等に塗る（むかいのページを参照）。

キャビネットにスプレーする

キャビネットに組み立てる前に、扉は個別のパネルとして塗りを終わらせよう。まずキャビネット内部にスプレーする。直角の部分には直接スプレーガンをむけないように。

キャビネットの大きさにしたがって、内部表面の仕上げに、スプレーガンを水平の扇形スプレーパターンにするか（85ページを参照）、円錐状のパターンにするか決める。

- 天板の下側を終える。
- キャビネットのサイドにスプレーしたら、奥のパネルにかかる。
- 残りのサイドをスプレーし、底にスプレーしてキャビネット内部を終える。
- キャビネットの外側を、個々の部材をパネルと見なしてスプレーする。

椅子にスプレーする

円錐状にスプレーパターンをセットして椅子の脚と貫を塗り、必要であれば、小さな扇形に広げて、座面と背を仕上げる。

- ターンテーブルに椅子をひっくり返し、脚と貫の内側をスプレーする。
- 座面の裏をスプレーする。
- 椅子をもとどおりに立てて、脚と貫の外側をスプレーする。
- 座面の縁に続いて上部の表面をスプレーする。
- 肘掛けと背の内側を終わらせる。
- 椅子をまわして、肘掛けと背の外側をスプレーする。

失敗と修復

ニス、ラッカー、ペイントをブラシで塗ると、うまく浸透しなかったり、気温や湿度に敏感なために何らかの失敗が生じるものだ（74と79ページを参照）。こうした仕上げ剤をスプレーした場合も、同様の問題に出会うことがあるだろう。次のチェックリストは、スプレーに直接関係した問題や、スプレーガンで仕上げを塗った際にしばしば生じる問題に関連した内容だ。

"オレンジ皮状の"ざらざらした表面

原因：仕上げ剤が乾くとしわがよってオレンジの皮のような外観になった。

対処法：ほとんどの場合、これはスプレーガンを作品に近づけすぎたか、じゅうぶんに希釈していない仕上げ剤を使ったことで起こる。塗料を固まらせて、削りおとし、ふたたびスプレーしよう。

縞（刷毛目）と垂れ

原因：完璧に均等な塗りとなるかわりに、仕上げに縞や垂れができ、ときには作品の片端に厚いロールができることもある。これは塗料を厚く塗りすぎたか、希釈しすぎた場合に起こる。

対処法：塗料を乾燥させ、耐水ペーパーで磨いてから、次の塗りをおこなおう。

はじき

原因：スプレーしたばかりの表面に小さなへこみが生じるもの。ワックス、オイル、水の跡で塗料が弾かれてしまうとこうなる。以前の塗装をはがした古い家具などは、元の塗料にシリコンオイルやワックスが含まれていた可能性がある。また、コンプレッサーのタンクやホースから適切に水が抜かれていなければ、水かオイルが新しい塗料に入りこむこともある。

対処法：塗料が固まったら、こそぎとるか、耐性ペーパーでたいらに研磨して、ホワイトスピリットで湿らせた布を用いて表面をきれいに拭く。スプレーガンのシステムから水を抜いたら、小さくスプレーしてみて、問題がなくなったかどうか確かめる。

もし問題の徴候がまた現れたら、適切な対撥水（フィッシュアイ）剤を塗料に加えて、表面の張力を減らす。

最後の手段として、白木になるまで塗装をはがし（31〜35ページを参照）、セラックベースのシーラーを塗って（26ページを参照）、ふたたびスプレーしてみよう。

塗装が乾いたら、粉っぽい見た目になった

原因：乾いた細かい織目状の表面は空気圧が高すぎたか、以前スプレーしたところにオーバースプレーしたものが附着したために起こる。また、表面からスプレーガンを離しすぎて、塗料が表面に達するときはすでにほぼ乾いた状態だった場合も考えられる。

対処法：塗料を完全に乾燥させ、こすり落として、ふたたびスプレーしよう。

典型的なスプレーガンの問題

失敗の中には、定期的にスプレーガンのクリーニングと手入れをおこなわないと発生するものがある。

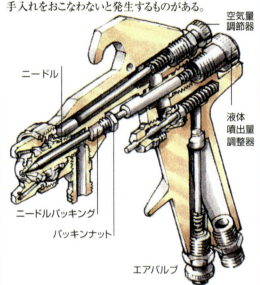

空気量調節器　ニードル　液体噴出量調整器　ニードルパッキング　パッキンナット　エアバルブ

スプレーガンが震える、あるいは水滴が落ちる

スプレーガンが震え始めたり、ペイントやニスがスプレー中に水滴状にしたったら、カップが空でないか、吸引パイプが液体を吸える正しい場所にないのではないかを確かめる（81ページを参照）。カップ上部の空孔がふさがっていないかどうかも、確かめよう。カップに問題がないようであれば、液体をわずかに希釈してみよう。ニードルバルブのパッキングナットをしめ、液体の通り道に空気が入りこまないようにする。

ノズルから液体が流れる

スプレーガンを使っていないときに、ペイントやニスがノズルからもれる場合、ニードルのパッキンがきつすぎる可能性がある。パッキンに軽いオイルを垂らして潤滑をよくしたら、パッキンナットの調整を確かめよう。これでも、問題が解決しなかったら、ニードル自体が摩耗したか傷んでいるのかもしれない。あるいは先端にぴたりとはまっていなかったか、あとは専門家にスプレーガンを調べてもらおう。

パッキンナットから液体が流れる

パッキンナットを締める。これで変化がなかったら、ニードルパッキンを取りかえる。

Chapter 7
ワックスポリッシュ

木材へのワックスがけは長年続いている伝統で、アンティークの修復家が頻繁に用いている方法である。ワックスポリッシュのえもいわれぬ質に、他の木工作業者たちが気づかぬはずはなく、とくに溝のある木目の仕上げや、ラッカー、ニス、フレンチポリッシュの仕上げとして愛されている。

WAX POLISH

市販のポリッシュ

　基本的な材料からワックスポリッシュを作ろうと、伝統主義者がときに熱心に勧めるが、すぐに使用できるすばらしいつや出し剤がこれだけ揃っているのだから、簡単な木工仕上げの手法の1部として、わざわざ込み入ったものを紹介しても意味がないようである。ほとんどの市販のワックスポリッシュは、比較的軟らかい蜜蝋と硬いカルナウバワックスを混ぜたもので、使用できる濃度になるまで、テレビンかホワイトスピリットで薄める。

伝統的なワックス仕上げはジョージアン様式の鏡台と椅子に趣のある古つやを与えている

ワックスポリッシュ

ペースト状ワックスポリッシュ

ワックスポリッシュのもっとも一般的な形状は粘りのあるペーストで、ひらたい缶かアルミの容器に詰められている。ペースト状ワックスは布パッドか目の細かいスチールウールで塗り、他の仕上げ剤のさらなる理想の仕上げとして使われている。

液体状ワックスポリッシュ

オークのパネルの広い面積にワックスがけしたい場合は、クリームの濃度をした液体状ワックスポリッシュをブラシで塗るのがもっとも手軽だ。

床用ワックス

床用ワックスは表面をじょうぶにする目的で配合された液体状のつや出し剤だ。これはクリアポリッシュとしても使える。

色つきのつや出しポリッシュは、マツの家具の色に濃くを出す

旋削加工物用スティック

カルナウバワックスは、旋削加工される木工作品に摩擦ポリッシュとして使用される硬いスティックの主な原料だ。

色つきポリッシュ

白から薄い黄色のポリッシュはそれほど木材の色を変化させないが、色を深くしたい際は大いに使えるポリッシュがあり、染色ワックスと呼ばれることもある。木工作品の色を変化させたり、ひっかききずや小さなきずを隠すために用いられる。濃い茶色から黒のポリッシュはオーク家具によく使われる仕上げ剤だ。ひらいた孔に入りこんで木目を強調し、古い木材の古つやを豊かに見せてくれる。温かなゴールドがかった茶色のポリッシュもあり、これはむきだしのパインの色にもどすもの。オレンジがかった赤いポリッシュは色褪せたマホガニーのつやをよみがえらせるものだ。ポリッシュに違う種類のポリッシュを重ねれば、さらに微妙な色合いと濃淡が生まれる。

椅子や長いすには、体温でワックスが軟らかくなり衣類を汚すといけないので濃い色のポリッシュは使用しないほうがいいだろう。同じことが抽斗内部の仕上げにも言える。長期間に渡って接触していると、デリケートな布が変色することがある。

シリコン

シリコンオイルは1部のポリッシュに加えて塗りとつや出しを容易にするが、ほとんどの表面仕上げ剤を弾いてしまうため、作品は将来、再仕上げを必要とする場合がある。(88ページを参照)。あらかじめ木材にシーラーを塗布しておくことは賢い予防策だが、後日、除去剤を塗った場合、やはりシリコンオイルが孔に浸透することになるだろう。したがって、シリコンの入っていないワックスポリッシュで作品を仕上げるべきかどうか、最初に決めなておかなければならない。

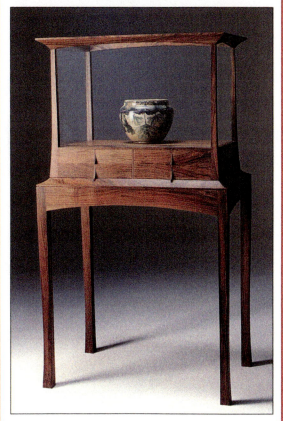

ワックスを塗ったウォールナットの飾り棚

ワックスポリッシュを塗る

ワックスポリッシュでの木工仕上げは、これ以上ないというぐらい簡単だ。注意深く塗って、深い輝きが出るまで表面を根気よくつや出しさえすればいい。しかし、どんな木工仕上げとも同様に、作品をなめらかに研磨してきずは埋めるか修理しておかない限り、満足のいく結果は得られないだろう(10～26ページを参照)。ホワイトスピリット(28ページを参照)で表面を拭き、油分や古いワックスポリッシュの跡を取り除こう。

とくに木目を埋める必要はないが、どんな場合でも、ワックスポリッシュを塗る前に、フレンチポリッシュあるいはサンディングシーラーを2度塗りしておけばベストである。木材に油性染料で着色している場合はなおさらだ。シーラーは目の細かな炭化珪素紙で磨こう。

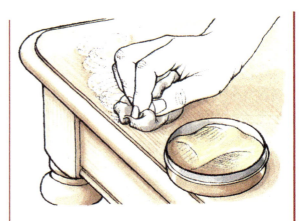

1　ペースト状のワックスポリッシュを塗る

布パッドをペースト状ワックスに浸し、最初の塗りをおこなう。重なりあうように円を描き、木目にワックスをすりこんでいく。表面を均等に覆ったら、木目の方向にこすって仕上げる。ポリッシュが広げづらいとわかったときは、暖房機に載せて缶を温めよう。

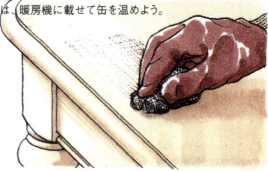

2　ポリッシュの層を作る

15～20分ほどしたら、000番手のスチールウールか研磨ナイロンパッドを使って、さらにワックスポリッシュをこすっていく。木目に沿って作業しよう。そして24時間作品をおいて、溶剤を蒸発させる。新しい作品には全部で4～5回のワックスを塗ろう。塗るたびに一晩おいて固まらせてからにすること。

3　ポリッシュでつや出しする

ワックスがじゅうぶんに固まったら、柔らかな布パッドで勢いよくつや出ししよう。なかには家具用ブラシを好む人もいる。とくに木彫作品の場合、そのほうがよい輝きが出るからだ。最後に、磨いた表面全体を清潔な布でこすっておく。

ワックスポリッシュのブラシ

プロの木工仕上げ職人は硬いワックスポリッシュでのつや出しに、毛のブラシを使用することがある。清潔な靴磨きブラシで代用できるが、専用の家具用ブラシがあれば、握りやすい取っ手つきで難しい角やへこみでも磨きやすい。他にも、電動ドリルのチャックに取りつけられるよう設計された円形ブラシもある。このブラシを使用する際は軽くプレスするだけにして、表面でブラシを動かし続けること。

ワックスポリッシュ用のハンドブラシ

ドリルブラシ

靴磨きブラシ

家具用ブラシ

ワックスポリッシュ

1 液体状ワックスポリッシュでつや出しする
浅皿にポリッシュを入れて、木材にたっぷりブラシで塗っていく。できるだけ均等にワックスを広げよう。約1時間おいて溶剤を蒸発させる。

2 次の塗りをおこなう
柔らかな布パッドで、2度目の塗りをおこなう。最初は円を描くように、最後は木目と平行にこすって仕上げる。1時間経ったら、必要であれば3度目の塗りをおこなう。

3 表面を研磨する
ポリッシュが固まるまでできれば一晩待って、清潔で柔らかな布を用いて作品を木目の方向に磨く。

ワックス仕上げ作品の手入れ
ワックス仕上げの色と古つやは、仕上げを定期的に手入れしてやれば時とともに深みを増していく。水をこぼした場合はただちに拭きとり、磨きあげた表面は頻繁に拭いて汚れを取り除く。そうしないと、ワックスに沈みこんで、仕上げを変色させる可能性があるからだ。柔らかい布で磨いても満足のいく輝きが出ない場合は、新しいワックスを塗る時期がきたということだ。あまりにもくたびれたワックスポリッシュはホワイトスピリットで除去してから、新しいワックスを塗ってもよい（28ページを参照）。

ワックスの上掛けをする
典型的なワックスポリッシュの円熟味のある仕上げにしたいが、もっと長持ちするものをと思ったならば、ポリウレタンニスか低温硬化ラッカーの上に薄めたワックスを上掛けするとよい。

000番手のスチールウールか研磨ナイロンパッドをペーストポリッシュに浸し、仕上げをした表面を長くまっすぐにパッドを動かしてこすっていく。木目と平行に。ワックスが固まるまで15〜20分おいて、柔らかい布でつや出ししよう。

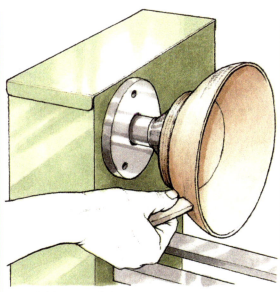

1　旋削された作品にワックスをかける
　研磨紙か研磨布でなめらかに作品を研磨し、湿った布でこすって木目を目立たせる。水分が蒸発したら2度目の研磨に入る。特殊なハードワックス旋盤用スティックを作品に接触させ、遅いスピードで旋盤をまわす。スティックを作品の表面で動かすと摩擦熱でワックスが溶け、木材を均等にコーティングしていく。
　旋削された作品に通常のペースト状ワックスポリッシュを布パッドにつけたものを使用してもよいが、満足いく仕上がりが得られるまで、何度も塗らなければならないだろう。

2　旋盤をまわしながら磨く
　ワックスが固まるまで待ち、作品を回転させながら柔らかな布パッドをあてて輝きを出す。布パッドをゆっくりと作品を横切るように動かし、パッドが旋盤の回転部分に近づかないよう注意する。ワックスがけした表面をなめらかにするには、じゅうぶんな力が必要だが、強く押しすぎると研磨面を傷める。

床をつや出しする
　木製のフロアボードを掃除し、研磨したのちに、適切な床用シーラーで白木をめばりする。浅皿にクリアな液状床用ワックスをそそぎ、100mmのハケを用いて床に2度塗りする。ワックスが固まるまで待ち、電動ドリルにとりつけた毛ブラシか、広い床仕上げ用の研磨機をレンタルして、床のつや出しをおこなう。
　床には摩耗の具合によって4〜6カ月おきに、ワックスポリッシュをかける必要があるだろう。輝きをふたたび出すには、数週間おきに磨かねばならない。

失敗と修復
　ワックスポリッシュはとても扱いやすいので失敗はほとんどなく、まったくの初心者でも完璧な結果が得られるだろう。ほとんどの問題は、根気が足りないために生じるようだ。

仕上げが均等ではない
原因: ポリッシュをつけた表面を溶剤が蒸発する前につや出ししたため、溶剤がふたたびワックスに染みこみ、まだらで不均等な仕上げになったもの。軟らかいワックスに指紋も残っているかもしれない。
対処法: ワックスが固まるまで待ち、000番手のスチールウールを使って新しいワックスを軽く上掛けし、仕上げを均等にする。この塗りは乾くまでひと晩待って、柔らかい布でつや出しをする。

つや出しすると表面がひび割れる
原因: ワックスがじゅうぶんに固まっていない場合、強くこすりすぎると表面からワックスの小片をはがすことになる。
対処法: ワックスをホワイトスピリットに浸したスチールウールで取り除く。溶けたワックスをペーパータオルで床から拭きとり、ふたたびポリッシュを塗ろう。

ワックスが乳白化する
原因: ワックス仕上げは溶剤が蒸発する際に、ぼんやりと白っぽくなることがある。
対処法: この現象はたいてい一時的なもので、柔らかい布で取り除ける。

Chapter 8
オイル仕上げ

表面に層を作るニスや
ペイントと異なり、木工仕上げの
オイルは孔に深く浸透して、
ひび割れたり、はがれたり、
欠けたりしない
弾力性のある仕上がりを作る。
その結果、ほとんどの
オイル仕上げは、
屋外建具やガーデンファニチャーに
理想的となり、年に1度程度の
メンテナンスで、木材を天候から守り、
見た目を保護してくれる。

OIL FINISHES

オイル仕上げの種類

　木工作業者のなかには、オイル仕上げはチークやアフロモシアのような広葉樹材にのみ適していると考えている人がいる。オイル仕上げが"スカンジナビアン様式"の家具とインテリアデザインを連想させることが大きいようだ。実際には、オイルはどんな木材にも使用できる魅力的な仕上げで、とくにマツに使用すると深みのあるゴールドへと変身する。

長持ちするゲル化オイルで仕上げたマツ材の階段

亜麻仁油

伝統的な亜麻仁油はアマの植物から採れるもので、現在では木工仕上げに使用されることはほとんどなくなった。おもに、乾燥まで3日かかることが原因だ。

メーカーはこのオイルを加熱し乾燥剤を添加することで、乾燥時間を約24時間まで短縮した"ボイルド"亜麻仁油を製造している。新旧どちらのオイルも、外装仕上げには不向きだ。

桐油

チャイニーズウッドオイル（中国桐油）としても知られるオイルで、中国と南アメリカの1部になるナッツから採ったもの。桐油仕上げは水、アルコール、酸味のある果汁に耐性があり、乾燥までに約24時間かかる。外構材の木製品に適している。

仕上げオイル

市販の木工用仕上げオイルは桐油をベースに、耐久性を増すために合成樹脂を加えている。気温と湿度に左右されるが、仕上げオイルは約6時間で乾燥する。チークオイルやダニッシュオイルと呼ばれることもあり、あらゆる環境にすぐれた仕上げ剤だ。油性ワニスやペイントのシーラーとしても使用できる。

非毒性オイル

純粋な桐油は非毒性だが、メーカーのなかには金属製乾燥剤を添加しているところもあるため、メーカーが安全をとくに保証していない限り、食物と接触する部分に桐油を使用しないこと。代案として、通常のオリーブオイルや、食品保存場所やまな板の仕上げ用に販売されている特別な"サラダオイル"を使用できる。

ゲル化オイル

天然オイルと合成樹脂を合わせたものが粘性のあるジェル状で販売されている。オイルというより、軟らかいワックスポリッシュに近い材質感だ。布パッドに絞りやすいよう、チューブに入っている。ゲル化オイルは白木に塗ることができ、他のオイル仕上げと異なり、ニスやラッカーといった既存の仕上げ剤の上に重ねることができる。

表面の調整をする

オイルは浸透する仕上げなので、先にニスやペイントをした木工作品に塗ることはできない。もし使いたい場合は、除去剤を用いて表面の塗料をはがそう（31～34ページを参照）。以前はオイル仕上げの木材だった場合は、ホワイトスピリットをつかって古いワックスを表面からぬぐい去る（28ページを参照）。白木の場合はじゅうぶんに調整をしてから（10～26ページを参照）、なめらかになるまでかなり目の細かい研磨紙で研磨しよう。

オイル仕上げ

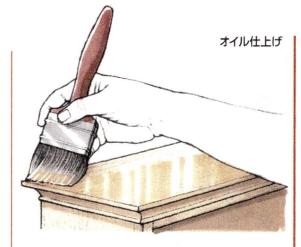

1 白木にオイルを塗る

まず容器を振ってから、浅皿にオイルを移す。かなり幅広のハケを用いて、表面をじゅうぶん濡らしながら最初の塗りをおこなう。オイルが浸透するまで約10～15分おいて、余分なオイルを柔らかい布パッドでぬぐいながら、均等に広げる。

2 パッドで追加のオイルを塗る

6時間経ったら、研磨ナイロン繊維パッドを用いて、だいたいの木目の方向にオイルをこすっていく。余分なオイルはパーパータオルか布パッドで拭きとり、一晩おく。同様にして3度目の塗りをおこなう。

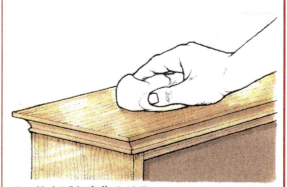

3 仕上げを変化させる

最後の塗りがじゅうぶん乾くまでおき、布で表面を磨いて柔らかな輝きを出す。

なめらかな半光沢仕上げにするには、清潔な研磨ナイロンパッドか目の細かいスチールウールを用いて、内装木製品にワックスポリッシュを上掛けする（93ページを参照）。

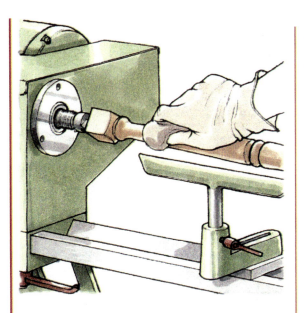

旋削された作品にオイルを塗る

旋削された作品を研磨してから、旋盤のスイッチを切り、木材にオイルをつける。しばらくおいて染みこませてから、余分なオイルをぬぐい、ふたたび旋盤をスタートさせてゆっくりとまわる木工作品に布パッドを押しあててつや出しする。

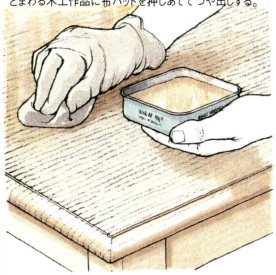

ゲル化オイルを塗る

白木にゲル化オイルを塗る際は、柔らかい布パッドを用いて、ふれても大丈夫になるまで木目の方向に勢いよく磨こう。通常は2度塗りでじゅうぶんだが、さらにゲル化オイルを重ねると、木材は摩耗しにくくなり、熱い皿にも耐えられるようになるだろう。塗りの間は4時間あけよう。前の塗りの上には、ゲル化オイルを控えめにつける。

ゲル化オイルは乾燥すると自然に柔らかな輝きが生まれるため、ふたたび作品をつや出しする必要はないが、作品を実際に使用するまでに48時間は待とう。

時折作品を湿った布で拭いて、表面から跡や指紋を拭きとっておく。

オイル仕上げ作品の手入れ

オイルを塗った表面はとてもじょうぶだ。通常の使用条件ならば、時折湿った布で表面を拭く程度でとくに手入れをする必要はない。色褪せた場合は、まずは上掛けしたワックスを取り除いて軽くオイルを塗るとよみがえる（28ページを参照）。オイルを塗る前には表面を拭いて乾かそう。

外構材には定期的にオイルを塗ろう。少なくとも1度塗りを全面におこなって手入れをすることだ。

火災に対する警戒

オイルは酸化すると熱を発生するため、オイルを浸した布は突然炎を出すこともある。使用済みの布は広げて、戸外でじゅうぶんに乾燥させよう。あるいは水を張ったバケツにひと晩つけてから、廃棄する。

失敗と修復

木材にオイルを塗る作業はとても簡単なので、成功は事実上約束されたようなものだ。気をつけることは、木工作品の調整を適切に行ない、オイルがべとつくようになるまで放置しないことだ。

表面がべとつく
原因：表面に塗ったオイルを1時間以上放置すると、粘り気が出てべとつく。
対処法：この段階になってしまったら、オイルを拭きとろうとはしないこと。研磨ナイロンパッドを使って、新しいオイルを表面に軽く上掛けしてやる。それから布パッドか吸水性のよいペーパータオルで拭きとろう。

ホワイトリング
原因：熱い皿を置くと、オイル仕上げの表面にホワイトリングを残すことがある。
対処法：このキズは通常一時的なものだから、すぐに自然と消えていく。

Chapter 9
金箔張り

GILDING

木材を純金で飾る方法は
とくに技術を必要とするので、
専門家に任せるのがいちばんだ。
しかし、紙のように薄い金色の
ベースメタルを貼ることならば、
ずっと簡単な作業で
比較的安価でできる。
また、額縁や鏡を飾りたかったら、
市販の金箔用クリームや
ニスを使うと
望んだ結果が出せるだろう。

クリームとニスで金箔を張る

金箔張りは費用のかかる作業ではない。魅力的な黄金色の表面にしたいだけならば、ワックスポリッシュやメタリックニスに似た仕上げ剤を使えばいい。似たような製品で、安価な金箔張りの写真立てや額縁の見栄えをぐっとよくすることができる。

金箔用ニス
フォントネー剤
金箔用クリーム
金箔仕上げ液剤

金箔用クリーム
軟らかなクリーム状のワックスで、すぐ使えるようにメタリックの色が各種揃っている。新しい作品の仕上げ、あるいは金箔張りの古い家具や額縁の修復に使用できる。このクリームはとても塗りやすく、作品の表面で混ぜることができる。

金箔用ニス
新しい作品にも、金箔がはがれた古い作品にも、非変色の金箔用ニスを使用しよう。木材に直接塗ってもいいし、フォントネー剤を使った伝統的な赤い下地（下記を参照）に重ねてもいい。金箔用クリームの下塗りにも使えるニスだ。装飾額縁の成型加工部に塗る場合や、成型加工作品を部材ごとに分けて仕上げする際によい。仕上げが縞にならないよう、ニスはよく振って使おう。

フォントネー剤の下地
金箔仕上げの前に、下塗りとして木材にフォントネー剤を塗るといい。これは特殊な濃い赤いつや消しニスで、ゴールドの色味に深みを加えてくれる。また、シルバーやピューター仕上げの下地には黒の下塗りがある。

金箔仕上げ溶液
金箔用品を扱う店では、クリアな光沢コーパルのニスを扱っており、金箔用クリームのシーラーとして使える。金箔仕上げ液剤は軟らかなハケで塗ろう。

フォントネー剤を塗る

新しい作品に金箔を張る場合は、木目を充填しよう（26ページを参照）。それから念入りに研磨し、耐水ペーパーで塗装作品を磨く。

フォントネー剤を作品にブラシで塗り、乾くまでまってから、ごく目の細かいスチールウールか炭化珪素紙でこする。必要ならば、2度塗りをして均等なつや消し仕上がりにしよう。

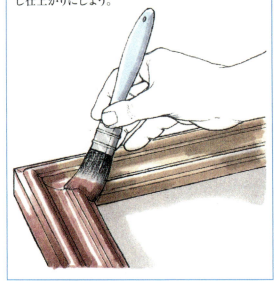

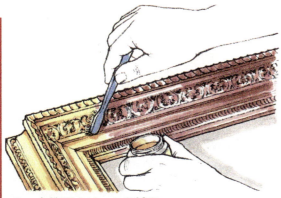

1　金箔用クリームを塗る

　指先に柔らかい布を巻いて、金箔用クリームを塗る。小さな円を重ねあわせるように描いて、クリームを均等に広げる。最後にまっすぐ平行に指を動かして仕上げる。木彫や装飾成型部分のなかには、古い歯ブラシを使ってクリームをつける。

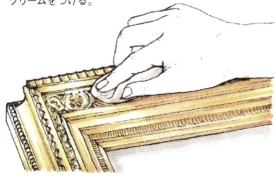

2　つや出しをして金箔用クリームでめばりする

　少なくとも12時間は溶剤が蒸発するまで待って、金箔をした表面を柔らかい布パッドでつや出ししよう。年代がかった見た目を望む場合を別として、あまり強くこすらないように注意しよう。高まった部分を強く磨くと下塗りが見えてしまう。むきだしの部分ができれば、追加でクリームを塗っておく。

　金箔用クリームは通常のワックスポリッシュ同様、永久的な仕上げである。それでもさらに保護したい場合は、金箔仕上げ液剤を塗ろう。

3　金箔用ニスを新しい作品に塗る

　軟らかいハケを使って金箔用ニスを均等に塗り、少なくとも3時間はおいて乾かしてから、作品を使用しよう。さらに豊かな仕上げにしたかったら、ニスが固まってからより濃い色の金箔用クリームをこすりつけるといい。

金箔仕上げを熟成させる

　品質のよいメタリックニスやクリームは深い輝きのある美しい仕上げを提供してくれるが、様式を意識した家具や本物の古い家具は、風格を出し使い込んだ味を出すために少々"エージング"させたほうがよい。

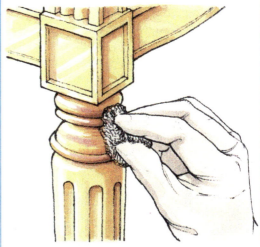

下塗り部分を出す

　目の細かなスチールウールを小さく丸めたものか、研磨ナイロンパッドを用いて、高まった個所で輝く金箔をそっとこすり、金色のなかに赤い下地が徐き始めるまで作業を続ける。この作業は控えめにするよう気をつけること。さもないと効果は台無しになってしまう。

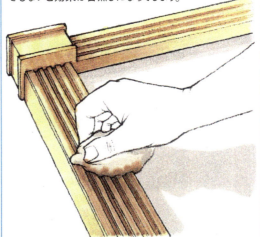

着色ワックスを塗る

　新しく金箔を張った作品に濃い茶色のワックスポリッシュをこすりつける。必要ならば、隙間にポリッシュを点状に塗ることができるよう、ブラシを使おう。柔らかい布で濃くついた部分から余分のワックスをこすりとって置いておくと、濃い色味が装飾された細部を強調していく。似たような効果は、1段か2段濃いゴールドのクリームを薄い色の金箔仕上げにこすって、布パッドで凸部を磨いてもいい。

金箔用ワックスで
小さな補修をおこなう

　古い金箔の修理には忍耐が必要だ。ごくありふれた額縁でさえ、自然に退化して濃いベースの色が見え、金箔が熟成された古つやを帯びるころになると、風格が増しているものだ。一見して目を引くようなきずだけを修理することにして、ワックススティックと金箔用クリームを混ぜたものでとけ込ませるのがいちばんだ。

充填スティック

修正クレヨン

ワックスの充填スティックと修正クレヨン

　穴を埋めたり、小さな欠けや傷んだ成型加工物の修理には、金箔色のワックススティックを使おう。それよりも軟らかいワックスクレヨンはひっかききずや広がった留接ぎを埋める役に立つ。どちらの固形ワックスも深いブロンズ色から薄いゴールドやシルバーまで、幅広い色とトーンで展開されている。2種類以上のスティックを溶かしてワックスを混ぜると、既存の塗装とぴったり合う色を作ることができるだろう。

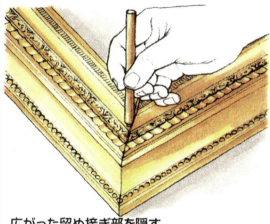

広がった留め接ぎ部を隠す

　不完全な留接ぎ部は、柔らかなワックスクレヨンで埋めることができる。クレヨンの鋭い先端で広がった留接ぎ部をこすり、じゅうぶんワックスで埋まるまで続ける。次に柔らかな布を指に巻き、接ぎ目に沿って充填した部分がなめらかになるまでこすり、余分なワックスは表面から取り徐く。必要ならば、金箔用クリームに指先を浸して色を混ぜあわせよう。

穴を埋める

　古い額縁を復元する際は、小さな穴は金箔用充填スティックで埋めよう。ラジエーターに豆粒大のワックスを載せ、楽に指先でつぶせるまで軟らかくしたら、ペンナイフを使って穴に入れこんでいく。親指かプラスチックのクレジットカードでたいらにこそげとり、充填したワックスを柔らかな紙基材の研磨紙で磨く。金箔用クリームをにじませて、修理箇所を隠そう。

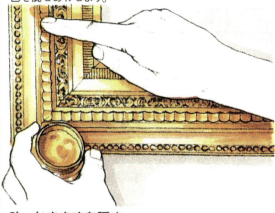

ひっかききずを隠す

　赤いベースか白いゲッソーの下地（104ページを参照）が見えている深い傷には、柔らかなワックスクレヨン（上記を参照）を埋め、浅いひっかききずには金箔用クリームをこすりこんで隠す。

メタルリーフで金箔を張る

　ベースメタルリーフは本物の金箔の代わりとして近年になって出現した安物の代替品ではない。何百年にも渡って作業に用いられてきたもので、純金でコーティングする費用をかけてもあまりうまみのない場所に使用されてきた。だから、メタルリーフは新しい作品に金箔を張るだけでなく、古い作品を魅力的に見せるため、復元にも利用されてきている。

金箔の突きだし燭台（右）
揺れるキャンドルの炎が純金あるいはメタルリーフの金箔の質を目立たせるだろう。

エンパイア様式のカウチ（下）
このカウチの品のある様相は、エボニー仕上げと細かな金箔のフレームによるところが大きい。

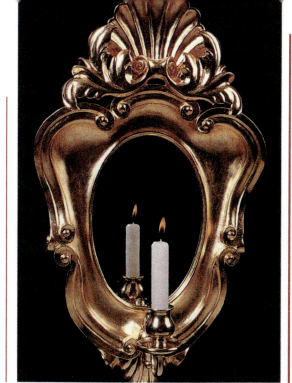

メタルリーフを準備する

メタルリーフを扱う前に、手を洗い、タルカムパウダーをはたいてメタルリーフに指がくっつかないようにしておこう。

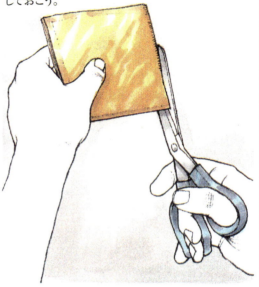

メタルリーフを好みの大きさに切る

メタルリーフの綴りから外側のカバーをはずし、はさみで切る。裏地ははがさずそのままにしておく。作品に合うように個々のシートを正方形か長方形に切る。

メタルリーフ

一般にコモンリーフ（並級金属箔）、あるいはオランダ金箔として知られるメタルリーフは、銅と亜鉛の合金で、100～125mm四方の薄いシート25枚組みで販売されている。金箔よりわずかに厚いので、比較的容易に張ることができる。また、磨きあげると純金とかわらないつやが出る。

ゲッソーとボウル

薄いメタルリーフは均等でない木目や表面のきずを隠すどころか、磨いたとたんに不完全な箇所を目立たせてしまう。よって、白木にはまずゲッソーを塗る必要がある。これはウサギの皮のニカワと石灰からできたペーストで、金箔用の下地として完全になめらかになるまで研磨することができる。古いゲッソーが割れた際にふたたびとりつける接着剤としても使用できる。色つきゲッソーはボウルと呼ばれることもある。

ゴールドサイズ

サイズはニカワ状の調合剤で、ゲッソーの下地にメタルリーフを張るために使用される。種類によって、乾燥時間は2～24時間と幅がある。

メタルラッカー

ベースメタルは変色性だ。金属の保護用に調合された耐候性の透明なラッカーを塗ろう。

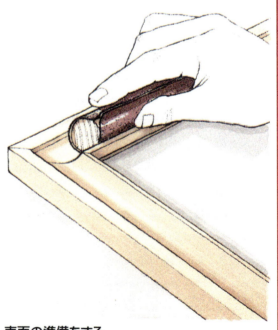

表面の準備をする

穴やひびはすべて充填し、できるだけなめらかに研磨する。ホワイトスピリットで表面を拭き、埃や油分を取り去っておく。

金箔張り

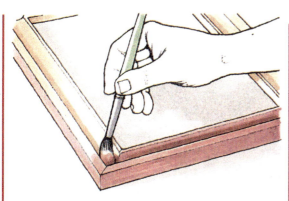

1 ボウルを作品に塗る

市販の黒っぽい赤のボウルを湯せん容器かニカワ入れに入れ、準備した表面になめらかに塗ることができる液体になるまで温める。流れたり、くぼみに入りこまないようにして塗る。

ひと晩おいて固まらせ、目の細かな耐水ペーパーで軽くこする。ボウルは5度塗りする。

2 ボウルをセラックでめばりする

標準のフレンチポリッシュと変性アルコールを同量混ぜて、シーラーを作る。これを布パッドか軟らかなハケで塗る。鋭い角や成型加工部分にブラシで塗る際は、シーラーが流れたり、溝やくぼみに入りこまないようにする。

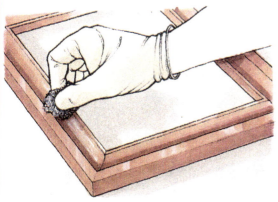

3 スチールウールでこする

セラックが固まったら、石鹸水ですべりやすくした0000番手のスチールウールで、やさしくこすってキズを取り徐く。それから表面を清潔な布で拭いて乾かそう。

4 作品にサイズを塗る

接着用のゴールドサイズを薄く均等に塗る。むきだしの箇所が残らないように注意深くブラシで塗っていく。メタルリーフはサイズの直後にすぐさま張る必要があるため、大きな部材は分割して塗っていくといいだろう。

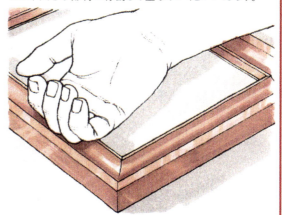

5 サイズの具合をためす

ゴールドサイズの乾燥には気温と湿度が影響する。手の甲でそっとふれてみて、固まったがわずかに動く程度になったときが、サイズの準備ができたときだ。

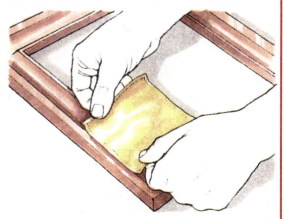

6 メタルリーフを張る

メタルリーフを両手でもち、サイズを塗った作品に表を下にしてかぶせていく。指先でしっかりなで、そこで裏地をはがす。

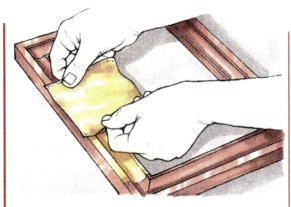

7　メタルリーフを重ねていく
同様に次のメタルリーフを張っていく。隣のメタルリーフと約3mm重なるように。作品全体の、あるいはサイズを塗った部分の金箔張りが終わるまで、作業を続ける。

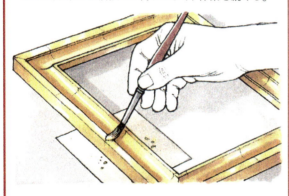

8　継ぎ目をなじませる
牛毛ブラシで重なった部分をなでてはがし、継ぎ目をなじませていく。重なっている方向にだけブラシを動かし、はがれてくる小片は作品の下に落としていく。この"はがした金箔"は次の段階で小さな箇所のパッチに使用する。

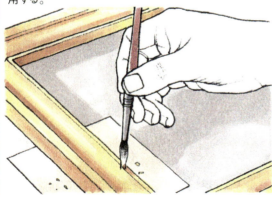

9　はがした金箔でパッチをあてる
作品を注意深く調べて、張り残した赤い下地がないかどうか確かめる。小さすぎてメタルリーフの小さなパッチでもはみ出す箇所は、表面に先ほどのはがした金箔を軽くブラシでつけて、また粘着性のあるサイズにブラシの先で詰める。

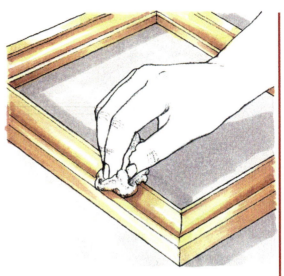

10　メタルリーフをつや出しする
翌日になってから、メタルリーフを綿パッドでそっと磨き、柔らかな光沢が出るまで続ける。透明のメタルラッカーを薄くブラシで塗って、この仕上げを保存しよう。

木彫作品に金箔を張る
木彫作品に金箔を張ることは、さらに時間と忍耐が必要だ。サイズを塗り金箔を張る順番をうまく計画すれば、ある箇所でメタルリーフを張っている間に、別の箇所のサイズがちょうど張り頃になるようにできる。このためには、下から上へ作業したほうがよいだろう。そうすれば、まだ乾いていない箇所にはがした金箔がつくことがない。

成型された下地材にメタルリーフを張る
張りたい箇所の形状に合うよう、メタルリーフを小さく切ったり、引き裂いたりする。それから、指先で押しつけて張っていく。それからブラシの先でメタルリーフを押しこみ、下地材の形に沿ってサイズと接着していることを確かめよう。

Chapter 10
木目描き

木目描きは
本物の木の見た目を色つきの
つや出し剤で真似していく技巧だ。
専門家の教えなしに、
そっくりそのまま描けるように
なるとは思えないだろうが、
本章では簡単に手に入る材料と
最小限の専門ブラシや
道具を使って、木材らしさが出る
描き方を伝授しよう。

WOOD GRAINING

木目を描く道具

家庭用の装飾道具でも、簡単な木目描きをためしてみることができる。しかし、専用の木目描きの道具を少し揃えたら、結果は大いによくなりさまざまな木目をためせるようになるだろう。

専門の木目描きブラシは安くはないが、つねに手入れをして注意して保管をすれば買い換える必要のないものだ。

メタル櫛のセットもどちらかと言えば高価だが、もっと安価なゴムやプラスチックの櫛でも似たような結果が得られるだろう。プラスチックのシートや厚紙で切ってもよいだろう。

通常のペイントショップでも、気の利いたところならば木目描き道具をおいているだろうが、おそらく専門店を探すか工芸店をあたらないと、全種類を見ることはできないだろう。

ブラシ

通常の装飾用ハケを使って木目を描き、簡単な木目を作りだす。質の高いブラシはつねに全般的な用途に使えるすぐれものだが、安いブラシやくたびれたブラシは、特別なワンオフドラッグ効果（112〜113ページを参照）にはとても使えないだろう。

1　斑点ブラシ
斑点ブラシは短く軟らかな毛で、フィドルバック杢のシカモアやリップルアッシュのような波状木目の木材や単板にしばしば現れるはっきりした帯を真似るために使用される。正規の斑点ブラシは揃えておくと役に立つブラシだが、似たような効果は通常のハケでも出すことはできる。

2　線描き用ブラシ
このブラシは毛先は四角に刈りこまれており、パネルの端や伸びた木目の両側を目立たせすぎる余分な色を除去するには理想的だ。しかし、通常のブラシでも使い勝手のよいものならば似たような作業はできる。

3　ソフトナー
ソフトナーと呼ばれる100mmの豚毛ブラシは、これなしでは済ませられない特別なブラシだ。ソフトナーの毛は広がり、他のブラシや工具がつけた跡をなじませて、本物の木目のようなすばらしい印象を醸しだしてくれる。

4　フロッガー
フロッガーは長めの硬い毛でできており、濡った光沢面を打って、いかにも本物らしい大きなひらいた孔に似せるために使用される。どんな作業にもフロッガーを使うわけではないだろうが、他のブラシでは同様の効果を出しにくい。

木目描き

櫛と心材木目描き

市販の、あるいは即席で作った櫛の歯で濡れた光沢面を引けば、木目によく似た線の模様が残る。

1 心材木目描き

これは特殊な櫛で、心材の木目とそっくりの跡が残るものだ。ハートを半分に切った格好のパーツ2つからなり、両方の凸状の作業面が浮きあがった同心の畝を残す。持ち手は裏についている。心材木目描きの種類には、粗い、普通、細かいの3つの等級がある

2 即席で作った櫛

木目を描く人はその多くが、ぶ厚い厚紙や硬いプラスチック板を使って自分で櫛を作っている。材料を長方形か二等辺三角形に切って、鋭い工芸用ナイフで深い切りこみを入れて歯を作る。望みの効果にしたがって、同じ幅に歯を作っていったり、あるいは不規則に間をあけたりする。市販のタイル接着散布器でためしてみてもいいだろう。

3 ゴムあるいはプラスチックの櫛

ゴムあるいはプラスチックの木目描き用櫛は、ときに端と端で歯の大きさが異なるものも売られている。着色した木目に比較的大きな縞を残す。

4 スチールの櫛

正確に製造されたスチールの櫛には3つの等級をセットで揃えることができる。粗い、普通、細かいだ。幅75～100mmの櫛はもっとも使いでがあるが、25mmと50mmの櫛も狭い横木や框には完璧だとわかるだろう。

チェックローラー

役割が極端に限定されたローラーで、のこ状のスチールのディスクがぎっしりと並び、その中央に回転軸が通っている。このローラーのただひとつの用途は、開いた木目の木材、とくにオークに見られる深く伸びた孔を真似て模様をつけることだ。チェックローラーはどうしても必要な道具ではないが、他の道具で同じ模様を描こうと思ったらとても苦労することだろう。

塗装とつや出し

通常の油性半つや消しペイントが、木目描きの地色として使用される。このペイントはむく材あるいは木質ボードをカットした下地に塗って使う。

まずは真似たい木目のもっとも薄い色に合うペイントを選ぶ。限られた色から選ばねばならず、望みのごく薄いベージュが暖色よりも寒色よりで困る場合もあるだろう。正確な色合わせには経験と、上から異なる色で木目を描いたときに地色がどのような影響を与えるかの知識が必要だ。色見本で研究して色のセンスを養えばきっと成果が出るだろう。

表面の準備をする

新しい木材の場合は、健全で清潔で乾燥していなかればならない。表面がなめらかになるまで研磨したら、樹脂のある節をセラックベースの節止めで処理し(51ページを参照)、プライマーと下塗りを塗る。

以前に仕上げをされていた木材の場合は、研磨をして、地色の着色がうまくいくように表面をざらつかせる。古いペイントはこそいで研磨し、なめらかな表面にもどす。白木の部分には下塗りをして、以前の色は適当な下塗りで消し去る(76ページを参照)。

下塗りが乾いたら、半つや消しペイントをブラシで塗るかスプレーする。塗りと塗りの間には、耐水ペーパーでこすろう。

油性つや出し剤

つや出し剤は事実上色のない市販の仕上げ剤だ。従来のペイントと濃度は似ている。しかし、ペイントと違って、平らで均等な被膜を作るように考案されたもので、油性つや出し剤あるいは"スカンブル"は、濡れた表面に刷毛目と引いた櫛目が残るよう配合されている。

油絵の具

木材色のつや出し剤を購入してもいいが、色のないつや出し剤に油絵の具を合わせると、色と陰影の幅が大いに広がる。油絵の具は画材店で購入できる。最高級の油絵の具は高価だが、安い学生用の絵の具でじゅうぶんだろう。天然土性顔料——ローアンバー(褐色)、バーントアンバー(赤褐色)、ローシェンナ(黄褐色)、バーントシェンナ(赤褐色)、バンダイクブラウン(褐色)——が木目描きにはもっとも利用価値がある。色合わせのために、黒色のチューブを必要になるだろう。

ニス

最初の作業が完全に乾燥したら、半光沢仕上げオイルを1度あるいは2度塗りして木目を保護しよう(68〜71ページを参照)。ニスの1度塗りの際に斑点を描いてもいい(119ページを参照)。

油性つや出し剤

油絵の具

ニス

下地材につや出し剤を塗る

　最終的な目標に関わらず、色つきのつや出し剤を塗る過程は同じである。あらゆる方向にブラシを動かして、作品を塗りつぶす。時折ブラシを油絵の具のチューブの蓋をあけた部分で拭いて、つや出し剤を塗った部分に際だつペイントをとけ込ませ、不規則な縞を入れてみてもよい。仕上げに、木目と平行にざっとブラシを動かして終わる。

　つや出し剤は約5分おけば、その後の作業ができるようになり、1時間は作業を続けることができる。広い部分に木目を描く際は、つや出し剤を狭い範囲に控えめに塗っていこう。

半つや消しペイント

つや出し剤を混ぜる

　プロは水彩性のつや出し剤で頻繁に木目描きをおこなうが、油性つや出し剤のほうがアマチュアには扱いやすい。それは作業時間に余裕があり、望みの効果を出しやすいからだ。油性つや出し剤はホワイトスピリットで使いやすい濃度に薄めてあり、工芸店や卸店で購入できる。

油絵の具を希釈する

　古い小皿に油絵の具長さ50mmを絞りだし、つや出し剤でホワイトスピリットを混ぜていき、ごくわずかな液体状にする。他の色の油絵の具を混ぜていき、好みの色にする。

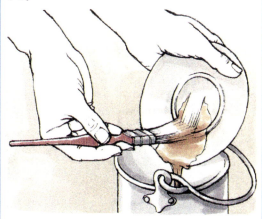

つや出し剤に着色する

　さげ缶に色のないつや出し剤をそそぐ。1リットルの缶に25mmのつや出し剤で、平均的な部屋のドアを塗ることができる量になる。20％に薄めたホワイトスピリットを加え、じゅうぶんに混ぜて、それから薄めたオイルペイントを少しずつ加え、つや出し剤が好みの色と濃度になるようにする。ホワイトスピリットの量が多いと、つや出し剤はうまく粘らなくなり、作業を終える前に乾燥してしまう。反対にホワイトスピリットの量が少ないと、固まる途中でつや出し剤に畝ができてしまう。

　準備した作品に少量つや出し剤をためし塗りしてみよう。ペイントした下地よりも暗く見えるだろうが、刷毛目は残って、下地は見えているはずだ。

ブラシで木目を描く

木目を描こうとする前に、まずは本物の見本を確かめて、異なる木目を見くらべてみることが必要不可欠だろう。納得のいく木目描きに計り知れないほど役立つはずだ。しかし、世の中にふたつとして同じ木材はない。だから、本物を真似ることばかりにこだわっていらだつより、思いどおりにならなくても、それも味だと受け容れられるようにしておきたい。

もっとも簡単な技法には、単純なブラシで木目を描く方法がある。これは本物の通直木理を再現するものだ。

濡れたブラシで木目を描く

濡れたブラシを使う

直前の作業で使用してまだつや出し剤がついて濡れているブラシを使い、柔らかな線を描くことができる。ブラシを親指と人差し指で軽くもち、作品の表面に対して浅い角度にして上端から下端まで引く。毛から自然に色つきつや出し剤が染みでるにまかせよう。余計な力を込める必要はないが、ブラシを端から端までしっかり動かし続けよう。作業面を覆いつくすまで、その隣に同じようにして塗っていこう。

乾いたブラシを使う

乾いたブラシで木目を描くと、つや出し剤が吸いとられるだけではなく同時に色も取り除くことになり、比較的目立つストライプが残る。ブラシが少々揺れても心配しないでいい。そのほうが自然に見えるからだ。ただし、ゆがんだ部分はその後の塗りでも同じように真似ること。定期的に吸水性のいい布で毛先を拭いて、余分なつや出し剤を取り徐こう。

異なるブラシでどのような違いがでるか、ためしてみるといい。通常の装飾用ブラシ、豚毛のソフトナー、フロッガー、それに古い接着剤用ブラシでさえも、つや出し剤にはそれぞれ違った跡を残すだろう。

木目描き

木目を薄くする

ブラシで木目を描いたときに、どぎつすぎると感じたら、線をぼかすソフトナーを使おう。薄くすると、同時に魅力的で本物らしい不規則な要素が作品に現れる。ブラシを表面に対して90度にもち、描いた木目の上をそっとなでていき、完全に線を消すことなく薄めていく。木目を横切って薄くするほうが早いが、そうすると線の跡まで失われてしまう。

乾いたブラシは比較的目立つ肌目を作りだす

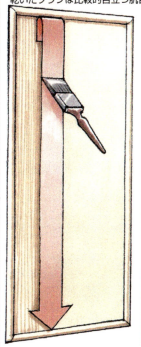
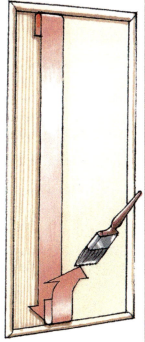

ドアパネルにブラシで木目を描く

桟、框、縦桟に囲まれたパネルにブラシで木目をつけるには、技法にややバリエーションが必要だ。

まず、着色したつや出し剤をパネル全体に塗る。それから上框の下側に毛先を押しつけて、底までブラシを引く。

底まできたらブラシを逆向きにして、毛先をパネルと下框が合わせるところに押しつける。それから上向きにブラシを引いて、塗り始めにブラシを合わせ、手を止めずそのままブラシを表面から離す。不揃いの部分は木目を薄くするか(上の右の項目を参照)、フロッガーでパネルの肌目を作る(右の項目を参照)。

溝のある木目を強調する

目立った線の木目やペイントした心材(114〜115ページを参照)に粗い溝のある木目を重ねる。

フロッガーを使う

フロッガーを寝かせ、表面の真上に平行に持つ。パネルから始め、濡れたつや出し剤を短く重ねるように毛の腹を使ってなでていき、パネル全体に肌目をつける。パネルの底近くでは肌目をぼかし、左の項目にあるとおり逆向きにブラシを動かしていく。細い作品にはブラシの先を使おう。

心材を描く

ウォールパネルや鏡板戸は目立つ木目が入っているとずっと魅力的になる。木の中心近くにある熟成した木部には、木がどのように板や単板に加工されたかによって、さまざまな木目が不規則に現れる。ここに紹介した技法は、典型的な同心の心材に見られる木目を真似るもので、クラウンカット単板に切り両面に通直木理が現れた例だ。

比較的柔らかで、押さえた効果を望むなら、色つきつや出し剤で濡れている地色に木目をペイントしよう。もっとメリハリのある、離れた場所から見てもわかる木目を望むならば、乾いた下地か、布で色のない控えめにつや出し剤を塗った"油性"の下地に、色つきのつや出し剤でペイントしよう。

くっきりと木目のついたパネルは通常、周辺の框類が簡素なブラシによる木目描きを終えたときに、もっとも魅力的に見える。

1　同心の縁を描く

パネルから始め、絵画用の平筆を使い、色つきつや出し剤で同心円をペイントする。垂直の部分では筆先の細い面を使い、円の先端ではブラシの広い面を使う。この段階でかなり目立たせることができる。

乾いた下地材にペイントする

下地材につや出し剤を塗らないままの状態では、下地材のごく色の薄い部分がいっそう目立ち、心材の模様の端がくっきりとしたままだ。薄めたり強調しても印象は変わらない。

2　木目を薄くする

木目中心から垂直にソフトナーでなでる。円の先端までなでたら、中心から左右それぞれに30度の角度でブラシを動かしていく。最後に軽く垂直になでる。

3 両側の部分にブラシで木目を描く

通直な木理の両側の部分を、色つきつや出し剤で塗る。それから描いた木目の上をブラシあるいはソフトナーで引いていく(112〜113ページ)。一般的な木目にしたがおう。最後にこのブラシで描いた木目を薄くする。

濡れたつや出し剤の上にペイントする

つや出し剤で濡れた下地にペイントすると、どうしても、描いた木目と地の色のコントラストは押さえられる。必要であれば、やや濃い色のつや出し剤を混ぜて木目を描くといい。

まず、下地全体に色つきつや出し剤を塗り、それから濡れたブラシでざっと木目を描く(p.112を参照)。色つきつや出し剤にさらに油絵の具を加えて色調を濃くし、ホワイトスピリットで少し希釈する。

心材の同心円をペイントし木目を薄くする(左ページを参照)。それから両側部分にブラシで木目を描いてパネルを完成させる。

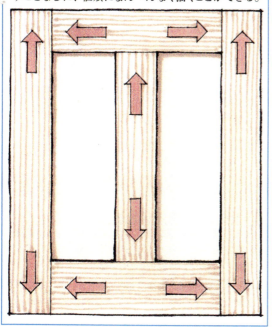

框や縦桟に木目を描く

次のように作業をすると、すでに描いた木目を消すことなしに、框類にまんべんなく描くことができる。

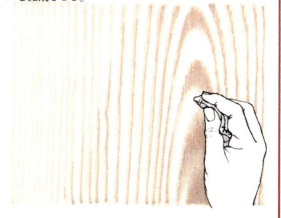

目立つ部分をぬぐう

木目を薄くしたあとに、木目と地色のコントラストがもっとほしいと思ったら、吸水性のよい布を丸め、片端を使って色の帯の間からつや出し剤を少々ぬぐう。それから軽く木目を薄くするか、強調する。

櫛で木目を描く

うまく描けば、櫛は溝のある粗い木目を生き生きと再現でき、シルキーオークに似た複雑で魅力のある模様を見せることもある。基本技法のマスターはむずかしくない。練習したら、単調で機械で描いたような木目にならないよう、変化のコツを覚えることだろう。櫛を使うのはまず、通直木理でほぼ水平の木目を描く場合だが、スチールやゴムの櫛でペイントをぼかしたり、オークの心材に似せたり、ブラシで描いた粗い木目を分断したりもできる。

櫛で木目を描く際は、つや出し剤に少々ホワイトスピリットを足すとよい。櫛の歯がつや出し剤をかき分けるときに畝ができずに済むからだ。

スチール櫛で作ったオークの木目

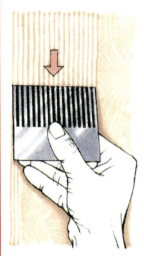

1 スチール櫛を使う

表面に薄めたつや出し剤を塗りブラシでじゅうぶんに広げたら、100mmの普通のスチール櫛で上端から下端にむけて、水平に櫛で木目を描く。次の木目は隣と重ねあわせるように。ある程度隣と水平を保つように描き続けるが、本物の木目を真似て、時折櫛を横に揺らしてみる。1列描くごとに、櫛の歯先から余分なつや出し剤をぬぐう。

2 逆向きに櫛で描く

目の細かい櫛で線の模様を分断する。最初に描いた木目に対して10度の角度で、上向きに櫛を引く。パネルの上端と下端ではライニング工具で点描し、余分な色をなじませる。より質のいい肌目を作りたかったら、同じ箇所で2度作業を繰りかえすといい。あるいは、ソフトナーでそっと点描して部分部分をぼかす。

布でくるんだ櫛をひきずる

かなり押さえた効果を生みだしたいのなら、吸水性のよい布で粗い櫛か普通の櫛の歯をしっかりとくるむ。くるんだ櫛でつや出し剤の上を引く。垂直に引き終わるごとに、歯先を布の清潔な部分でくるみ直すこと。全体の作業が終わったら、布でくるんでいない目の細かな櫛で左の項目で解説したように、木目を分断する。

心材木目描き

　心材木目描きは密な心材の木目を模倣するためだけに使う。櫛ととてもよく似た使い方で、濡れたつや出し剤の上に跡を残すのだが、凸状の表面を作品に異なる角度で押しあてることにより、ひとつの工具で無限に近い目立つ木目を作りだせる。

　ゴムの心材木目描きには、粗い畝、普通の畝、細かい畝、3種類のタイプがある。粗い等級はオークの心材に理想的で、一方、より細かな等級はマツを彷彿とさせる。

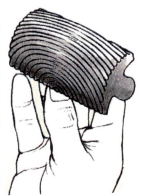

心材木目描きを持つ
　親指と人差し指で心材木目描きを持つ。凸状にカーブした畝の底が下にくるように。

心材木目描きと乾いたつや出し剤でペイントしたマツ材のドアパネル

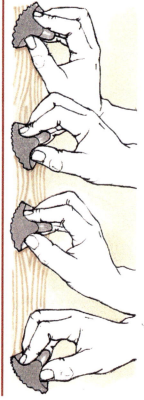

なで始める
　心材木目描きを作品の片端近くにもっていき、工具の下端をつや出し剤を塗った表面にあてる。

なでる
　心材木目描きをゆっくりとパネルの下側へ引いていく。途切れないようひと続きに。同時に、手首をひねるようにして工具を揺らし、色つきつや出し剤に残る模様に変化をつける。

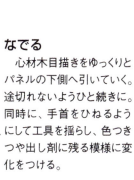

模様を修正する
　心材模様の両端に通直木理の模様を作る。ブラシか櫛で輪郭をざっとなぞったら、両端とも木目を薄め、なじませる(114〜115ページを参照)。あるいは、軽く強調して作品に変化をつけてもいいし、ソフトナーで点描して際だたせてもいい。

木目を追加する

基本のブラシや櫛で描いた木目に少し手を加えると、多様性が出て興味深い作品となる。各パネルや枠が独特な作品となる。こうした作業は本物らしくするには注意深くおこなう必要があるが、苦労してでもやるべきだと勧めているわけではない。生き生きとした作品を生みだすには、ある程度の自発性が欠かせない。どうしても必要となるのは、描こうとしている木目をよく知っていることだ。本物の木材の見本を集めたり、正確な色を再現できるようにすること。

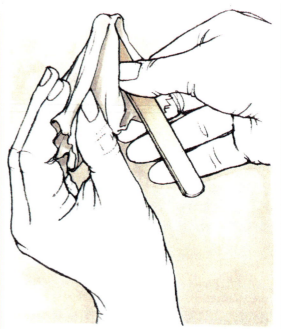

バイニングホーンを即席で作る

プロの木目職人はバイニングホーンというひらたく先のとがった工具を使う。これは吸水性のよい布で包み、虎斑を拭きとるためのものだ。木目職人のなかには即席にコインを布でくるんで代用する者もいるが、ごくありふれた木製のへらやアイスクリームのスティックでもいい代用品になる。布をスティックの先へしっかりと伸ばして、作業中は一定の時間を置いて清潔な面で包み直す。

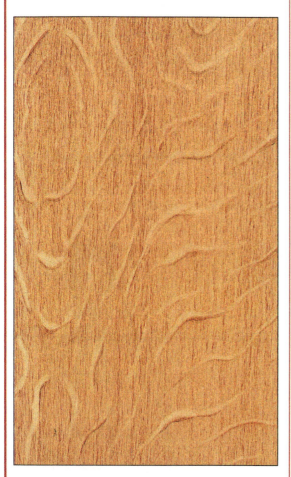

柾目挽きのオークを作りだす

柾目挽きにした丸太は放射組織による木目が現れ、特定の広葉樹材、とくにオークに多い虎斑が見られることがある。この薄い色の虎斑は通直木理にリボン状に走っていたり、目立つ杢の中央部分をはさむように現れることもある。虎斑は櫛で描いたり、ブラシで木目を描き強調して再現する。

虎斑を1つずつ描く

つや出し剤上を布でくるんだ工具で引く。スティックをまわして、短くねじれた線を描く。鋭く先細りになるように描こう。形や大きさまったく同じ虎斑はないが、似たような形状になる傾向はある。

木目描き

虎斑をたくさん描く
よれた虎斑を並べるように描く。パネルの端に近づくにつれて、小さく薄くなるようにしよう。ついでブラシか櫛で軽く薄くするが、模様を消しすぎないように注意しよう。

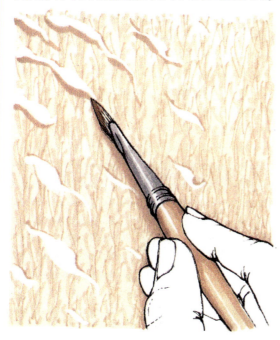

虎斑を強調する
作品を離れた場所から見て、虎斑のいくつかを濃い色のつや出し剤で強調し、深みと変化を出すことができる。絵画用のブラシを使いつや出し剤を自由に塗ってから、描いた模様を薄くし、あるいは明るい点描となじませる。

モトリング
マホガニーやサテンウッドといった広葉樹材に見られる、反射しているなめらかな色むらを生みだすにはいくつか方法がある。しかし、おそらくもっとも簡単な方法は、最後にニスの保護被膜を塗る際にその効果を作りだすことだ。わずかに薄めた油絵の具でニスの色を濃くして、作品に均等にブラシで塗る。油性ワニスはつや出し剤より早く乾燥するため、面積の広い作品の場合1度に扱える範囲内で作業する必要があると明らかになるだろう。

モットラーを使う
モットラーを作品に対して45度の角度に構え、左右にブラシを揺らしてニスを狭い範囲で取り去っていく。間をおいて色むらの線を作っていく。やや不規則にニスに跡を残していく。吸水性のよい布で拭きながら、つねに毛を乾かしておこう。

モトリングされたサテンウッド

ハケでモトリングする
家庭用ハケの毛を親指と人差し指ではさみつけ、幅が狭く、わずかに波打つ毛先にする。色むらを薄くするために、このハケの毛で色むらのあとをそっとなでる——けっして、色むらを横切らないように。

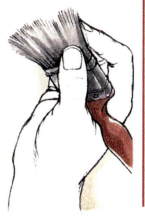

節を入れる

どんな種類の木材にも節は見られるものだが、とくに針葉樹材では一般的だ。だから塗装の際にたまに節を入れると、木目がさらに本物らしくなるだろう。

節の多いマツの模様

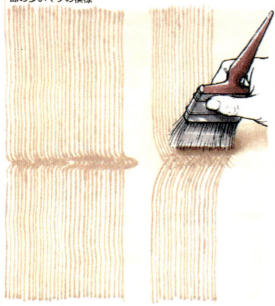

節を描く

さらに複雑な木目にするためどこに小さな節を入れてもいいが、とくに効果をあげたいならば、最初の木目を描きながら、節を描く場所をよく考えよう。たとえば、濡れたつや出し剤にブラシを引きながら、片側に鋭くよれてみる。その曲がった部分に本物らしい節を入れるといい。

あるいは、ブラシを下に動かしながら左右どちらかだけにすばやく動かして、荒れ木目を作る。次に作品の底を起点に上へとブラシを引きあげ、先ほどの荒れ木目の場所で同じ方向にすばやくブラシを動かす。

節を刻印する

濡れたつや出し剤に本物そっくりの節を刻印することは、驚くほど簡単だ。だぼの先端、あるいは防護手袋さえはめていれば自分の指先でも使える。つや出し剤にふれて色を消し、黒っぽい縁のある薄いパッチを残す。ときには中心に小さく濃い点をいれてもよい。

節をまだ強調したい場合は、絵画用ブラシの先端で、小さな同心円を好きなようにペイントしよう。点描してから色を薄くしよう。すべての節を同じ形状、大きさでは描かないように。

深い孔を刻む

オーク、ウォールナット、それからブナには、深く伸びたような孔がある。最初の塗りが乾いたら、チェックローラーを使ってブラシか櫛で刻むことができる。

チェックローラーを使う

濃い色のつや出し剤を含ませたブラシをチェックローラーののこ状のディスクにあてながら、チェックローラーを作品の上で転がしていく。孔は一般的な木目の方向とごくわずかな角度で走るように。

Chapter 11
アンティーク仕上げ

古い木工作品の古つや——
修復家やコレクターに愛され
尊敬されているもの——
これは、長期間に渡って光や
積み重なる埃にさらされ、
あるいはかなりの摩耗を受けて
自然に生まれる。
本物の古つやの繊細さを
再現することは容易ではないが、
仕上げ剤をやさしく"傷ませる"と
新しい家具でも古い家具でも、
魅力的に年月を経た外観に
見せることができる。

ANTIQUE FINISHES

クリア仕上げに陰影をつける

陰影づけは古いポリッシュやニス仕上げの家具に見られる色と色調を再現する技法だ。家具で定期的にふれたり、もっとも摩耗を受ける部分は保護された他の部分に比べて通常は色が薄くなっている。広くたいらな面は定期的に磨かれ拭かれているために、汚れがたまりやすい隅やへこみよりきれいだ。

陰影は汚れや古いポリッシュがたまるため生じる

1 染料を塗る

作品の準備をしよう。なめらかに研磨し、浸透性の木工染料を塗る（42～46ページを参照）。この作業では次の段階でかなりの色を取り除くことになるため、通常似たような作品に選ぶ色より濃い染料を使う。

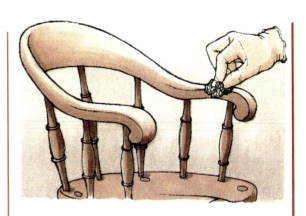

2 色を取り除く

染料が乾燥したら、目の細かいスチールウールを用いて色を1部取り除く。たとえば椅子の背、座面、肘掛けのように、日常的にこすり、ふれる場所に集中しよう。脚の貫に摩耗した感じを出すのもいい。同様に、成型加工部分や木彫も軽くこすって、高度や色を取り除く。

3 ドアパネルに陰影をつける

ドアパネル中央に薄いパッチを作る。中心から端へむかって、明るい色から暗い色に徐々にグラデーションができるように。ふいに色調が変化することを避けるため、木目の方向にだけこすること。

4 味を出して仕上げる

溶剤に浸した布で表面を丁寧に拭き、埃と金属粉を取り除く。

必要であれば、成型加工部分や木彫の深い部分のへこみに色つきフレンチポリッシュをすりこみ、目立たせてもいい（48ページを参照）。濃い茶色のペースト状ワックスポリッシュを作品全体に塗って仕上げをする。作りだした色と色調の変化を強調しよう。

ペイント作品を傷ませる

　完璧に仕上げをした家具は、田舎で使用したり、古い年季の入った家具に混じって置くと、浮いて見えるだろう。新しいペイントには、色つきのワックスポリッシュか色つき油性つや出し剤のウォッシュコートで、それなりに使いこんだ古つやを与えてやろう。仕上げはつや消しあるいは半つや消しのペイントでおこなう。完璧に仕上げようと必死になる必要はない。熟成する過程は少々まだらなペイントのほうがうまく雰囲気が出るものだ。

色つきワックスポリッシュで
傷をつけたペイント作品

1　色つきワックスポリッシュを塗る

　塗料が乾いたら、研磨ナイロンパッドを用いて色つきペースト状ワックスポリッシュを作品全体に塗る。次にあらゆる方向にこすって、ワックスがひっかききずや他の傷も含めて、へこみにも入るようにしよう。この段階では塗装を完全に摩耗させないよう注意が必要だ。異なる2色を塗ると、全体の色調が変化しておもしろい効果が出る。

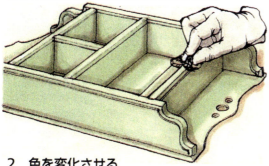

2　色を変化させる

　色つきワックスポリッシュが乾燥するまで待ってから、清潔な研磨パッドを色のないワックスポリッシュに浸し、突きでた部分を中心に表面から濃い色を拭きとっていく。たいらなパネルの中心部分からはほとんどの色を除去し、自然に汚れがたまりそうな場所には暗い色のワックスポリッシュを残すように。突きでた部分や端からほとんどペイントを落としてしまっても心配することはない。かえって雰囲気が出るというものだ。

　余分なワックスポリッシュは柔らかい布パッドで取り徐き、翌日になったら磨いて柔らかな光沢を出そう。

オイルつや出し剤で傷ませる

　ワックスポリッシュの代わりに、オイルつや出し剤で新しいペイント作品を傷ませ、絵画用ブラシで必要な色にする(111ページを参照)。下塗りの半つや消しペイントが乾いたら、色つきつや出し剤で表面全体を自由にこする。

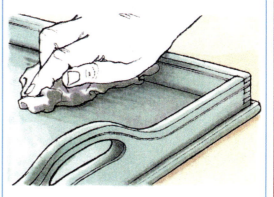

色つきつや出し剤を取り徐く

　5分ほどおいて、つや出し剤の大部分を柔らかな研磨布パッドで拭きとる。へこみやより深いキズにはつや出し剤が残るようにしよう。思ったような効果が出なかったら、ホワイトスピリットに浸した布でつや出し剤を洗い落とすといい。

　最初の塗りが乾いたら、さらに強調が必要な部分にはつや出し剤を追加で塗ってもよい。仕上がったら、クリアニスで保護しよう。

ひび割れの仕上げをする

　組成の異なる仕上げ剤の使用を避けることは、木工仕上げの極めて重要な基本だが、最初からひび割れを入れることを狙って作られたニスならば、溶剤性・水性仕上げ剤の乾燥率の差を逆手にとって、もっとも本物らしい成熟した表面を作りだすことが可能だ。ここで必要な材料は通常、熟成ニスと割れニスとして知られるもので、専門店で取り扱いがある。

　技法は単純だが、完璧な結果が出るかどうかは、完全にタイミングにかかっている。だから少々実験してみるとよいだろう。

準備

　ひび割れの入ったニスを真似るため、いつもの手順で木材の準備をする。表面はつや消しアクリルニスでばりする。どの程度古ぼけた雰囲気を表現したいかによるが、前もって適当な木工染料を塗ってもよい。

　すでに塗られている塗料を古ぼけさせるため、表面から汚れと油分を洗い落とす。耐水ペーパーで光沢仕上げになるまでこすろう。

1 熟成ニスを塗る

シーラーかペイントを塗った表面に、熟成ニスを塗る。この最初の塗りの厚さが最終的に割れがどこまで入るかを決定するので、集中的に割れを入れたい部分には厚めに塗ろう。

2 タイミングをはかる

熟成ニスを塗った作品を暖かい場所におき、表面に指先を軽く走らせて乾いたと感じるまで待つ。強く押すとわずかに動く感触がするときが頃合だ。そうなる前に割れニスを塗ってしまうと、しわのよった仕上げとなり、わずかにしか割れができない。

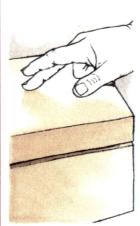

3 割れニスを塗る

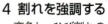

割れニスを作品に均等に塗り、ドライヤーでそっと乾かしていると、表面に裂け目が入り始める。そうしたら作品を暖かい部屋に放置し、じゅうぶんに固まらせよう。

4 割れを強調する

変色し、ひび割れの入った仕上げを真似るために、絵画用ブラシで割れをいきおいよくこする。濃い茶色と黒が混ざって、不規則な色が生まれる。細かな割れ部分には色を残して、表面からそっとペイントを拭きとろう。作品にふれられるようになったら、油性ワニスを塗って保護する。ただし、絵画用ブラシがじゅうぶんに乾いてからにすること。

健康と安全

木工仕上げ剤の多くには、健康に害となる可能性をもつ物質が含まれており、なかには可燃性の高いものもある。次に挙げる注意事項に加え、仕上げ剤を使用し保管する際はつねにメーカーの注意書きを熟読し、健康に悪影響を与えるものと事故から身を守ろう。

溶剤のにおいを吸う

溶剤の蒸気を吸うことは危険である。もし、頭痛、めまい、疲労感、眠気を感じたら、ただちに作業所を離れること。

他の人が気分が悪くなった場合は、新鮮な空気のある場所へ連れだし、暖かくして休ませる。完全に回復するまで飲み物や食べ物を与えてはならない。意識のない場合は、寝かせて、ただちに医師に診せる。呼吸が止まっている場合は、人工呼吸をおこなう。

- 溶剤のにおいから自分を守るため、仕上げ剤で作業をする際はじゅうぶんに自然の換気がおこなえるようにしよう。スプレーする際は、スプレーブースの中で換気システムを使う。

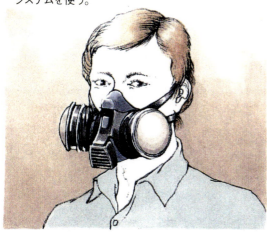

- 適切な自然の換気がおこなえない場合、そしてスプレーで作業をする場合はつねに、ガスカートリッジの防塵マスクを着用しよう。フィルターを取りかえると、研磨の際に粉じんを吸わずに済む。

目を守る

液体の飛沫から目を守るためにゴーグルをつけよう。

- 目に木工仕上げ剤や薄め液が入ったら、最低10分間はまぶたを手で開けて流水で洗い流すこと。コンタクトレンズを使用している人は、まずはずすことを忘れないように。それから医師に診せよう。

皮膚との接触

ある種の木工仕上げ剤や薄め液に繰りかえし、そして長期間に渡ってふれていると、皮膚炎につながるおそれがある。疑わしい仕上げ剤を塗る際には、使い捨て手袋を着用しよう。

- 石けんと水、あるいは適切な皮膚洗浄剤で洗おう。皮膚についた仕上げ剤を落とすために、決して溶剤や薄め液を使用してはならない。

物質を飲みこんだ

子どもが仕上げ剤や溶剤を飲みこんだ様子を見せても、吐かせようとはしないこと。安静に休ませて、医師に診せよう。

火災に対する注意

可燃性と書いてある物質は注意して取り扱い、保管すること。じゅうぶんな換気は必要不可欠だ。

- 作品の仕上げ中、あるいは乾燥のために放置している際は、作業所で煙草を吸ったり、むきだしの炎をあげたりしないこと。
- 油性仕上げ剤をスプレーする際の細かな霧には、高い可燃性がある。スプレーブースでは、爆発防止機能のついた(耐火性のある)換気扇、照明装置、スイッチを設置することが重要だ。
- 削りかすや粉じんは定期的に掃いて、オイルや溶剤を含んだ布を作業所に放置しないこと。
- つねに消化器と防火毛布を手近に置いておくこと。消化器は定期的に点検しよう。

仕上げ剤を保管する

できれば仕上げ剤と薄め液は、鍵のかかる小屋か倉庫に保管しよう。移し替える必要のある場合は容器にはっきりとラベルとつけ、食物や飲み物の空き缶や空き瓶の使用は避けて、誤解が生じないようにする。仕上げ剤あるいは溶剤の容器は使用時以外は、蓋をしておく。

化学物質を廃棄する

溶剤や仕上げ剤を配水管や川に流さないこと。砂や土といった非可燃性の吸水性のいい物質に含ませ、飛沫を吸いとる。

- 地元の関係機関に問い合わせ、空の容器もふくめて廃棄物を安全に捨てる方法と場所について指示を受ける。

次のページも参照のこと。
埃から自分自身を守る(24ページ)
除去剤・安全のための注意(32ページ)
木材を漂白する・安全のための注意(38ページ)

索引

あ

亜鉛　104
麻布　26,28,39
脚　17,33,46,87
温めたアルカリ溶液に浸す　34
厚紙　108,109
アッシュ　26,38,54
　　リップルアッシュ　108
穴　10-13,102,104
油砥石　25
アフロルモシア　96
亜麻仁油　57,63,68,97
稜　20
アルミニウム酸化物　17,20
荒れ木目　25,120
安全　32,38,83,98,125
アンダーフレーム　87
アンティーク仕上げ　121-4
におい　40
アンモニア　41
椅子　71,87,91,122
椅子の貫　87,122
イソシアン酸塩硬化剤　63
傷ませる　121,123
色　10,12,13,15,26,28,38,
　　39,40,41,44,45,46,48,
　　53,56,58,59,66,93,100,
　　102,110,122
　　合わせる　34,110
　　修正する　48
　　天然土性顔料　110
　　除く　48,108,123
　　混ぜる　13
色揚げ剤　30,60
色つき仕上げ剤　48
ウエス　55-6,58
ウォールナット　120
ウォッシュコート　58
薄め液　28,36,85,88,125
馬　44,70
上塗り　83,88
液体色揚げ剤　29
エボニーのように着色する　41
エルム　38
鉛丹　76
鉛白　76
オーク　17,26,38,40,41,54,
　　91,109,116,117,120
　　1/4にした　118
オイル　17,26,28,56,62,88,
　　96,97,98
　　非毒性　97
オイル仕上げ剤　35,95-8,
　　124
オイルステイン　42-3
オイルポリッシュ　17
オイルを染みこませた布　98,125
おがくず　10,14
屋外建具(屋外指物)　77
屋外用ニス　63,69

か

オランダ金箔　104
オリーブオイル　97
オレンジ皮状のざらざらした表面　88
温度　54,88,97,105

カーテンのできた　60
ガーネット　16,20
ガーネットポリッシュ　53
外構材の木工　10,53,63,69,
　　79,97,98
外装仕上げ　66
外装ドア　65
描いた木目を薄くする
　　113-14,117-19
架橋による重合　64
家具　14,34,48,54,58,91,
　　96
　　ビルトイン　32,35
額縁　48,77,100,102
火災予防　125
重ね合わせ(オーバーラップ)
　　106
過酸化水素　38
苛性ソーダ　34
カット(セラックの溶解度)　53
角　19,20,23,57
金物　40
可燃性　67,73,125
框　109,113-15
カルナウバワックス　11,90-1
乾いたブラシで描く　112
換気(換気装置)　69,72-3,
　　125
換気扇　83,125
換気装置(強制排気装置)　63
かんな　12
顔料　10,11,13,39,42,47,
　　62,63,66,69,77
キクイムシ　36
木くず　10,16,18,36
きず　35,56,57,59,60,72,
　　73,91,92,98,104,105
キズ　60
木摺(ラス)　12
木槌　15
木ねじ　12,40,71
木の色　11,47,66,73,91
気泡　69
木彫　26,32,33,46,48,58,
　　92,101,106,122
逆向きに櫛で描く　116
キャビネット　12,36,44,87
キャビネットスクレーパー
　　14,25,35
吸水性のいい布　112,115,
　　116,118,119
亀裂　10
切れ刃　16,18,25
木をこする　16
木を染色　10,11,17,29,42-
　　8,58,62,66,72
金属製研磨器　25
金属製乾燥剤　97

金箔　103-4
金箔用クリーム　100-2
金箔用クリームをシーリングする
　　101
金箔仕上げ溶液　100-1
金箔用ニス　100
金箔用ワックス　102
金箔を張る　100-6
釘　71
櫛による木目描き
　　116-20
組子　68,78
クランプ　13,14,15,21,22
クリーニング液　28
クリア仕上げ　22,35,44
車塗装用のクリーナー
　　28,30,58,60
くん煙　40
ゲッソー　102,104
ゲル化オイル　97,98
健康　67,125
研磨機　94
研磨材(研削材)　11,16-20,
　　22,23,26,28,35,58,74
　　液体　28
　　基材　17-18
　　ステアリン酸塩化　72,74
　　耐水ペーパー　17,18,69,
　　70,71,72,73,74,76,79,
　　88,100,105,110,124
　　砥粒　16,19,24
　　粒度　20
研磨紙　11,14,16,17,
　　18-22,26,30,43,45,
　　94,97,102
研磨修復材　29
研磨ディスク　17,24
研磨ナイロンパッド　17,20,
　　21,26,28,33,34,35,39,
　　48,71,92,93,97,101,
　　123
研磨布　17,94
研磨布紙の小片 19
研磨ブロック　17,19,20,60
研磨ベルト　17,21
(研磨)粒子　16,18,20,74
　　アルミ粒子　76
ゴーグル　30,32,38,83,125
孔　26,39,42,56,60,74,
　　91
　　ペイントの孔　108-9,120
ボウル　104-5
硬化剤　72,74
工業アルコール　51
合金　104
交走木理　19
交走木理の留接ぎ部　23
光沢仕上げ　66
合板　34,84
広葉樹材(硬材)　16,17,43,
　　52,53,54,69,76,96,118,
　　119
木口　10,19,24,45,51
木口割れ　10
固形潤滑剤　18

こすりとる　26,57,59,70,74,
　　88,92
こそぎとる　25
木端面研削ブロック　20
粉石けん　18
ゴム　26,28,30,44,54-5,
　　56-7,58,60
コモンリーフ(並級金属箔)
　　104
コルクブロック　19,29
小割り板　44
混合　72
コンプレッサー　80-3,85

さ

サイズ　104-6
サイズコート　18
サイドボード　30,54
裁縫箱　54
スカンブル　110
作業台　21,24,25
酢酸　78
酢酸溶液　38
酢酸溶剤　38,41
さげ缶　78,111
裂け目　101,104
サッシュパッド　78
殺虫剤　36
サテンウッド　54,119
さび(さび状の染み)　71,76
サラダオイル　97
酸化　62-3,98
酸化ナトリウム　38
酸触媒　64,72
サンダー　17,21-4,35
サンダー　18,21-4
サンディング(研磨)　15,18-
　　20,24,26,29,35,38,39,
　　43,44,56,71,92,94,97,
　　104,125
サンディングシーラー　26,33,
　　43,45,51,69
サンドディングシート(オービタル
　　サンダー用)　22
シードラック　50-3
シーラー　41,51,88,105
　　セラックベースの　88
シーラーコート　39,48,53,56,
　　70,73,97
シーリング、めばり 13,39,45,
　　53,55,56,58,73,76,78,
　　91,92,124
　　クレオソートを染みこませた木
　　63
　　木目　26
仕上げオイル　97
仕上げ剤　11
仕上げ剤を保存する　125
仕上げに裂け目を入れる　124
シェイプフック　33,35
ジェル状　66,97
シカモア　38
糸状体　78
下塗り　76,77,79,110
下地塗り　100,101,123

下地の作業 14,15,106,108,110,111,114,115
湿気 54,60,77,88,97,105
染み(汚れ,染色) 30,31,124
　消去 30
　リング 30
指紋 94,98
シュウ酸 30,38
集じん 22,23
集じん装置 18,21,24
集塵袋 21-2
修正クレヨン 102
充填 13,56,60,92
　穴 10-11,102
　キズ 35,40
　ひっかききず 29
　木目 26,100
　割れ(裂け目) 10-12
充填用ナイフ 11
樹脂 11,16,18,23,50,51,62-4,77,97
樹種 10
潤滑剤 17,105
潤滑剤をパッドにつける 57
ショート油性ワニス 63
蒸気 13,14
蒸発 62,64,73,77,93,94
除去剤 28,32-5,91,97
除去する 17,30-4,97
除去用大型容器 34
白木 8,36,47,65,69,88,94,97,98,104
シリコンオイル 69,88,91
シリコンワックス 74
シルキーオーク 116
シルバー仕上げ 100
心材 46
　ペイントした 108-9,113-17
心材木目描き 109,117
シンナー 28,43,64,69,73,78,85
針葉樹材(軟材) 16,18,46,51,54,76,83,120
水蒸気 66
水蒸気透過仕上げ剤 47,66
水分 13,14,20,30,35,43,47,60,66,72,83
スクレーパー 25
スチール 25,40,71,76
スチールウール 26,28,33,34,35,48,58,59,71,72,91,92,93,94,97,100,101,105,122
　胴 71
ステアリン酸塩 18
スティック状セラック 29
スティックラック 50
ステイニングワックス 46-8,91
ステイン仕上げ剤 47
ステインする 11,26,38,39,40-6,53

ストッパー 10,11,32-3
スピンドル 17,33,46,78
スプレーガン 80-8
スプレーする 73,78,83-8,125
スプレーのパターン 81,85-7
スプレーブース 80,83-4,125
スポンジ 17
すりこみ 56
成型加工物,成型加工部分 11,17,19,20,25,26,28,32,33,35,46,48,58,60,68,71,78,101,102,105,122
　一片 100
清澄 66
生長 19
接着剤 18
接着剤のハケ 112
セラック 11,13,26,29,42,45,48,50-4,56,58-60,63,76,105
セラックポリッシュ 13,29,33,50-3,55-8,60,73
セラミックタイル 11,13
繊維 13,17,20,42,71
穿孔虫 10,36
船舶用ニス 63
旋盤 24,91,94,98
象眼(寄せ木) 32,46
ソフトナー 108,112-17,119
反り 34

た
ターンテーブル 83,86-7
耐久性 63,66,97
耐候性 66,76,77
耐紫外線 66
耐熱性 66
耐溶剤性 66
タイル接着散布器 109
タックラグ(油を染みこませた布) 20,26,39,43
建具(指物) 34,35,47
縦桟 113,115
縦溝 46
棚 87
タバコの焦げ跡 15
ダブテールソー 12
だぼ 22,33,120
玉縁 46
タルカムパウダー 104
炭化珪素 17
炭化珪素紙 26,29,56,57,59,60,73,92,100
タンニン酸 41
単板 12,14-15,32,34,46,108
　クラウンカット単板 114
　修理 14-15
　パッチ 46
単板パンチ 15
単板プレス 14
チーク 96

チークオイル 97
小さな亀裂 30
チェックローラー 109,120
チャイニーズウッドオイル(中国桐油) 97
着色剤 29
虫害 36
中質繊維板(MDF) 17,22,83,84
抽出成分 44,80,83
通直木理 112,114,116,118
突きでた部分 122-3
つまった木目 54
つや消し剤 63,69
つや消し仕上げ 66
つや出し 11,28-30,39,58-60,71,73,74,92-4,97,98,101,102,104,106,108-20,123
　つや出し剤の混合 111
つや出しクリーム 58,72-3
つや出しパッド 17,28,44,45
つや出しワックス 69
テーブル 12,30,34,36,54,70-1,87
低温硬化ラッカー 64,66,72-4,84,93
低温薬剤溶せき 34
低臭性の仕上げ 67
定着剤 64,77
鉄 41
鉄の部品 71
デニッシュオイル 97
テレビン 63,90
電気掃除機 22,24
電動ドリル 12,24,92,94
点描する 116-17,119,120
トーチランプ 35
ドア 44,70,71,87,113,114,122
銅 104
透明仕上げ 66
透明仕上げ剤 73
桐油 63,97
トップコート 76-7,79
留め接ぎ 102
虎斑 118-19

な
内装業者の詰め物 54
内装材加工 10,97
内装材の仕上げ 63
　刃 11,36
ナイフ 14,15,74,102,109
長いす 91
鉛 76
におい 32,63,67,83,125
ニカワ 10,11,12,14,15,104
酢酸ビニル樹脂接着剤 PVA 10,14
樹脂 18
動物性 14,18,34,46,104
ニカワ入れ 105

にごり(つや消し) 43
ニス 16,17,28,29,33,43,45,48,51,54,62-71,74,76,81,84,86-8,97,110,119
アクリル 28,64,66-71,74,77,79,124
色つき 48,69
油性ワニス 63,66,68,70,71,97,124
揮発性ニス 63
コーバル 100
熟成 124
水溶性 32,67
スパーワニス(耐候性ワニス) 63
透明 42,47,48,66,77,123
半透明 26,69,119
ポリウレタン 47,63,73,93
メタリック 100-1
油溶性 63,70
ヨット 63
割山 124
ニス除去剤 32-3
ニスステイン 46-8,66,65
乳白化 60
ぬぐう 115
布パッド 34,46,54,55,57,59,60,91,93,94,97,98,101,105
塗り重ねる 70-1
熱 35,60,64,98
熱した苛性ソーダに浸す 34
粘性 53,66
粘着テープ 41
のみ 11,15,74

は
パーティクルボード 17
ハードボード 83
廃棄物処理 32
バイニングホーン 118
はがした金箔 106
白化 60
ハケ 13,29,33,44,59,60,68,72,77,78,94,97,100,105,106,111-13,115,119,120
装飾用 108,112
刷毛白 60,88
はじき(あばた) 74,88
波状木目 108
パダック 38
8の字描き 57
パッチ 12,13,15,28,47
パッチをあてる 10,12,28
　金箔張りの作業 106
パテ 10,11,13,40
パネル 12,15,23,25,34,36,44,46,70,71,83,86,87,91,113,114,115,117,119,123
バフィング 59,93
バリ 25

127

半光沢仕上げ 58,66
はんだごて 11,13
斑点(色むら)ブラシ 108,110,119
ハンマー 12,13
火 98
ピアノ仕上げ 53
非アルコール性 56-7
ひきずる 116
抽斗 36,44,91
微小孔 67
ひっかききず 19,21-4,29,44,47,60,66,91,102,123
ひっかききずを隠す 29
ビニールシート 41,108,109
火によるダメージ 31
ひびのような細かな割れ 30
皮膚炎 125
皮膜を取り除く 34
ピューター仕上げ 100
漂白 31,34,38
表面の穴 60
表面割れ 10
広がった継ぎ目 12
広がった留め継ぎ 102
ファーニチュアビートル 36
フィドルバック(杢) 108
フェイスマスク 24,30,32,36,38,73
フォントネー剤 100
 抜け節 12
節 13,51,78,110,120
節穴 11,15
節止め 51,63,79,110
不揃いな木目 104
縁取りする 15
ブナ 38,120
プライマー 35,76,77,79,110
プラグカッター 12
ブラシ 46,58,58,64,69,72,73,74,78,92,101,120
 牛毛ブラシ 106
 絵画用ブラシ 108,114,119,120
 回転ブラシ 92
 家具用ブラシ 92,100,101
 クリーニングと保管 69
 毛ブラシ 92,94
 すじかいバケ 68
 天然毛ブラシ 68,78
 ナイロンブラシ 30,38,68
 ニスブラシ 68
 豚毛ブラシ 78,108,112
 ブロンズワイヤーブラシ 39
 リス毛ブラシ 58
 ワックスポリッシュのブラシ 92
ブラシ塗り用セラック 59,63
ブラシ塗り用つや出し剤 59
ブラシクリーナー 78
ブラシでニスを塗る 68

ブラシで木目を描く 112-16,118-20
ブラシの毛 68,69,74,78,108,112,113,1115,119
 合成 68,78
古つや 31,91,93,102,121
フレーク状セラック 50-3
フレンチポリッシュ 13,26,28,29,30,32,34,39,42,43,48,50,51,53-60,63,92,105,122
 屋外用 53
フロッガー 108,112-13,117-18
粉じん(埃) 16,21-3,25,26,28,35,54,57,60,67,73,74,79,86,93,122,125
分断する模様 116
粉末状の 10,11,13
ペースト 26
 単体 10
ペーストポリッシュ 93
ペイント 13,17,33,42,76,81,84,86,87,88,97,110,111
 アクリル 76-9
 油絵の具 110-11,115,119,123,124
 1度塗り用 77
 オイル 13,76,78,79
 水性 32,78
 装飾用 44
 つや 77
 つや消し 123
 半光沢 77
 半つや消し 123
 ミルク 77-8
 メタリック 77,80-1
 溶剤性 77,79,110
 揺変性 77,79
ペイント除去剤 78
ペイントの粒子 83
ペイントパッド 78
ペイントリムーバー 32-3
ペイントローラー 72,78
ペイントをはがす 33
へこみ 13
へこみをもどす 13
ヘルメット 24
変性アルコール 13,28,30,32,34,42,48,53,55,57,60,63,66,105
防護手袋 30,32,38,41,44,56,125
防臭テント 41
防塵マスク 24,41,73,83,125
防水性 63,66
防腐剤 36
ぼかし 48,122
ボタンポリッシュ 50,53
ボタンラック 50,53
ポリエチレン 14,15,72,74
ポリッシュ(つや出し剤) 28,53

ホワイトスピリット 13,28,32,33,34,39,42,43,48,63,68,69,70,78,79,88,90,92,93,94,97,104,111,115,116,123
ホワイトポリッシュ 53
ホワイトリング 60,98
ボンドカット 53

ま
柾目挽き 118
窓枠 65
マツ 96,117
 むきだしの(マツ) 91
マホガニー 38,53,54,91,119
丸のみ 25
万力 20
水 13,17,30,38,53,66,69,88
水によるダメージ 31
溝のある木目 17,26,35,54,56,109,113,116
蜜蝋 90
メイカーコート 18
メタリッククリーム 101
メタルポリッシュ 28,30,60
メタルラッカー 104
 透明の 106
メタルリーフ 103-6
目違い 30,33,34,38
目づまり 16,18,22,23,35,74
目止め剤 10
綿パッド 108
杢 13,54
木材 10,12,13
 欠点 10
木材染色 30,31,34,42-4,48,51,56,60,66,124
 浸透性 42-6,65,122
 水溶性の 39,43,60
 被覆的 47,65,66
 油溶性の 42-7,65,92
木材保護剤 76
木質ボード 21,34,110
木目 13,15,19,20,21,23,25,26,33,35,39,42,43,45,47,48,53,56,57,59,60,70,71,74,76,78,92,93,97,98,108,109,117,119,120,122
木目のパターン 12,13,15,28,40,47,62,66,91,110,111,114,115,117,118,120
木目目止め剤 25,56
木目を描く 107-20
 準備 110
木目を描く櫛 108-9,110,116,117
木目を描くブラシ 108
木目を目立たせる 20-2,43,71,94

や
焼け板 25
やすりがけ 25
水溶性仕上げ剤 17,20,71,83,124
有毒性 67
床 68,72,94
床用シーラー 63,94
床用ワックス 91,94
湯せん 105
油溶性仕上げ剤 64,67,69
溶剤 11,32,34,43,45,48,62-4,73,74,84,92-4,101,122,125
 揮発の遅い 73
 石油 53
 におい 83,125
揺変性仕上げ剤 66,68
横木 23,87,109,113,114,115
汚れを漂白する 30

ら
ライニング用工具 108,116
ライミング 39
ライミングワックス 39,74
ラシファーラッカ 50
ラッカー 16,28,43,62-7,72,73,76,84,88,97
 触媒 51
 透明 104
 ひだ 74
ラッカー塗り 73
ラッカー薄め液 72,74
ラビングニス 63
粒度(番手) 14,16,17,18,20,23,26,60
両面ブロック 19
ルーター 12
ローズウッド 38
ロング油性ワニス 63

わ
ワセリン 30
ワックス 29,30,39,48,53,59,72,88,91,92,94,97,100
 色つき 101
 白色 39
ワックススティック 29,36,91,94,102
ワックスフレーク 94
ワックスポリッシュ 17,28,29,32,34,43,58,59,71,72,90-4,97,100,101,123
ワックス目止め剤 11
ワックスの上掛けをする 93,98

著者：
アルバート・ジャクソン、デヴィッド・デイ
（Albert Jackson and David Day）

日本語版監修：
喜多山 繁 (きたやましげる)
京都大学農学部卒。東京農工大学 名誉教授。
主な著書(編著)『木材の加工』(文永堂出版)、「切削加工」(海青社)。

翻訳者：
三角 和代 (みすみかずよ)

本書は『木工技能シリーズ⑥塗装・仕上げ技能』(ISBN：978-4-88282-767-2)の廉価・普及版です。
木工技能シリーズには、『①木工の基礎』『②木材の選択』『③木工工具の知識と技能』『④万能ルータ加工技能』『⑤正確な接ぎ手技能』などがあります。

good wood finishs
よくわかる木工技術 普及版「塗装・仕上げ」

発　　　行	2018年3月20日	
第　3　刷	2021年12月20日	
発 行 者	吉田 初音	
発 行 所	株式会社 ガイアブックス	
	〒107-0052 東京都港区赤坂1-1 細川ビル2F	
	TEL.03(3585)2214　FAX.03(3585)1090	
	http://www.gaiajapan.co.jp	

Copyright for the japanese edition GAIABOOKS INC. JAPAN2021
ISBN978-4-86654-004-7 C3058

落丁本・乱丁本はお取り替えいたします。
本書は細部まで著作権が保護されています。著作権法の定める範囲を超えた本書の利用は、出版社の同意がない限り、禁止されており違法です。特に、複写、翻訳、マイクロフィルム化、電子機器によるデータの取込み・加工などが該当します。

Printed and bounded in Japan